Leserabe
3. Lesestufe

Ursel Scheffler

Monstergeschichten von Ätze

Mit Bildern von Erhard Dietl

Ravensburger Buchverlag

Bibliografische Information Der Deutschen Bibliothek:

Die Deutsche Bibliothek verzeichnet diese Publikation
in der Deutschen Nationalbibliografie.
Detaillierte bibliografische Daten sind im Internet
über **http://dnb.ddb.de** abrufbar.

1 2 3 09 08 07

Ravensburger Leserabe
Diese Ausgabe enthält die beiden Bände
„Ätze, das Piratenmonster" und „Ätze, das Weltraummonster"
von Ursel Scheffler
mit Illustrationen von Erhard Dietl

Umschlagbild: Erhard Dietl
Umschlagkonzeption: Sabine Reddig
Redaktion: Marion Diwyak
Printed in Germany
ISBN 978-3-473-36198-4

www.ravensburger.de
www.leserabe.de

Inhalt

Ursel Scheffler

Ätze das Piratenmonster

Inhalt

Das ist Ätze,

ein besonders ätzendes Exemplar aus der Familie der blaublütigen, kotzekligen Tintensauger. Er braucht Tinte so nötig wie ein Vampir Blut, sonst trocknet er aus und knistert beim Laufen wie Butterbrotpapier. Ätze mag

- dreckige, staubige Schlupfwinkel,
- Menschen, die sich nicht waschen,
- Stinksocken, Staubmäuse, Ekelsachen
- und seine bestgehasste Freundin, die Spinne Igitte.

Aber das Letztere würde er nie zugeben!

Ätze und Piratz

„He du! Rattenzahn! Alte Stinksocke! Stopp! Nicht so schnell!“, rief Ätze. Die Ratte blieb stehen und drehte sich langsam um. Sie musterte Ätze mit zusammengekniffenen Augen von oben bis unten. Dann sagte sie cool:
„Was willst du von mir, Stranger?“
„Ich heiße nicht Stranger, du rasender Glatzenschwanz! Ich bin Ätze, das Tintenmonster. Das größte, hässlichste, schrecklichste Monster auf der ganzen Welt. Capito?“

„Halt die Luft an, Junge! Ich bin Piratz, der Schrecken der sieben Meere!“, sagte die Ratte. „Komme gerade von einer Schiffsreise zurück und habe viel grässlichere Typen gesehen als dich.“
„Gräääässlicher als ich?“, zweifelte Ätze. „Du beleidigst meine Monsterehre. Wer soll grässlicher sein als ich?“
„Ein bongonesisches Nieswarzenschwein zum Beispiel“, sagte Piratz. „Wenn du das siehst, fällst du vor Schreck tot um.“
„Das sollten wir erst mal ausprobieren!“, knurrte Ätze. „Hast du denn schon mal eins gesehen?“
„Natürlich nicht“, sagte Piratz. „Sonst wäre ich ja nicht mehr am Leben!“
Diese Antwort musste Ätze erst einmal verdauen. Er trippelte ein Weilchen neben Piratz an der Hafenmole entlang und fragte dann neugierig: „Kennst du etwa

noch mehr Monster, die hässlicher sind als ich?"

„Aber klar doch. Zum Beispiel das grüngräuliche simbarelische Buckelnuckelpickelnashorn. Das knackt hundert Kerle wie dich und mich zum Frühstück!"

„Wow!", sagte Ätze beeindruckt.

Mehr fiel ihm im Augenblick dazu nicht ein. Wie konnte man schon gegen ein bongonesisches Nieswarzenschwein und ein grüngräuliches simbarelisches Buckelnuckelpickelnashorn anstinken?

„Warum hast du mich eigentlich angequatscht?“, erkundigte sich Piratz.
„Weil du so aussiehst, als wüsstest du, wo man ein kotzgammeliges, stinkgemütliches Eckchen zum Übernachten findet“, sagte Ätze, der langsam wieder zu seiner alten Frechheit zurückfand.
„Tscha, da weiß ich was“, sagte Piratz.
„Da hinten in dem alten Lagerhaus ist bestimmt ein trockenes Plätzchen für uns beide! Komm mit, aber pass gut auf! Hier am Wasserrand schleichen hungrige Hafenkatzen und gefräßige Schiffshunde herum.“
„Du bist doch nicht etwa eine Wasserratte?“, erkundigte sich Ätze, der ziemlich wasserscheu war, vorsichtig.
„Brrr!“, sagte Piratz verächtlich.
„Wasserratte. Ich bin eine Schiffsratte. Genau gesagt eine Piratenschiffsratte.

Und wie die meisten Piraten lasse ich nicht gern Wasser an meinen schönen Körper."
„Dann bist du total mein Typ", krächzte Ätze zufrieden.

„Hier ist der alte Schuppen! Wurde lange nicht mehr benutzt! Riecht ziemlich verkommen. Müll und Abfall überall …“, brummte Piratz und blieb stehen.
„Klingt ja nach Luxushotel“, sagte Ätze.
„Aber wie kommen wir rein?“
„Null Problemo“, sagte Piratz. „Ich kenne einen geheimen Eingang. Schwing deine drei Beinchen, Kumpel, und lass uns einen Zahn zulegen. Die Sonne geht schon unter!“

Im alten Lagerhaus

Piratz führte Ätze zu einem Gully.
„Spring!“, forderte er Ätze auf.
Nach kurzem Zögern ließ sich Ätze durch das Gitter plumpsen. Danach sprang Piratz.
Sie landeten auf einem Haufen dürrer Blätter und krochen dann durch einen ausgetrockneten Abwasserkanal. Über ein Wasserrohr erreichten sie das Innere des alten Lagerhauses.
Ätze rollte mit seinen grünen Glupschaugen und sah sich begeistert um.
Decken und Ecken hingen voller Spinnweben. Die Wände waren brüchig und rissig. Voll mit gemütlichen Spalten, in denen sich allerdings auch schon allerhand andere Gäste eingenistet hatten.
Ein Matratzenlager und ein altes Koch-

geschirr in der Ecke verrieten, dass ab und zu auch Menschen hier übernachteten.
„Na, was sagst du zu unserem Hotel?“, fragte Piratz, als sie oben auf einem der Dachbalken standen und auf die Lagerhauswelt hinuntersahen.
„Ein Monstertraum! Pfuikotzgammelig gemütlich, Kumpel! Du hast nicht zu viel versprochen!“
„Na, dann suchen wir uns mal die gemütlichste Ecke in dieser Bruchbude aus!“, brummte Piratz. Aber das war gar nicht so einfach. Die bequemsten und sichersten Plätzchen mit der besten Aussicht waren schon belegt.
Kellerasseln, Kakerlaken, Silberfischchen, Mistkäfer, Mäuse, Spinnen und andere Bewohner verteidigten ihre Schlafplätze. Immer wenn es sich Ätze und Piratz gerade irgendwo gemütlich machen

wollten, riefen andere: „He, haut ab! Schleicht euch! Verzischt euch! Wir waren vor euch da!“

Eine Wespe bedrohte sie sogar mit ihrem giftigen Stachel.

„Lass uns in die Matratzenecke gehen!", schlug Piratz vor. „Da ist keiner."
In diesem Augenblick klirrte eines der kleinen Seitenfenster.
„Pssst! Sieh mal da!", zischte Ätze und deutete auf das Fenster. Eine Hand griff durch die zerbrochene Scheibe und öffnete den Riegel. Jetzt zwängte sich eine schmale, energische Gestalt durch das Fenster.
„Mensch! Ein Mensch!", rief Ätze aufgeregt. „Hoffentlich kein gewaschener. Die kann ich nämlich auf den Tod nicht ausstehen!"
„Keine Angst!", flüsterte Piratz. „Der stinkt zehn Meilen gegen den Wind. Riechst du das denn nicht? Der hat ganz bestimmt seit Wochen kein Wässerchen getrübt."
„Hmmm, dann ist er mir sympathisch", schnupperte Ätze.

Gespannt beobachteten die beiden, wie ein Junge durch das Fenster schlüpfte. Er blieb auf einem Mauervorsprung sitzen und ließ eine Taschenlampe aufleuchten. Als er das Matratzenlager in der Ecke entdeckte, sprang er auf den Boden und ging zielstrebig auf die Schlafecke zu, in der es sich Ätze und Piratz gerade gemütlich machen wollten.

„Krchzefazz“, fluchte Ätze.
„Die Matratze ist groß. Da ist Platz für uns alle“, knurrte Piratz. „Wetten, dass die alte Stinkmorchel uns gar nicht entdeckt? Menschen haben schlechte Augen. Sie sehen im Dunklen nichts! Das weiß doch jedes Rattenbaby.“
„Trotzdem! Er passt mir nicht! Wir werden ihn erschrecken und verscheuchen. Los, komm mit!“, drängelte Ätze.
„Kleinigkeit. Ich muss bloß ein bisschen vor ihm herumturnen. Dann macht er die Fliege!“, sagte Piratz. „Alle Menschen fürchten sich vor Ratten!“
Aber hier irrte der weit gereiste Rattenpirat.

Elmer

„Komm her, Kleiner!“, sagte der Junge, als er die Ratte entdeckte, die auf seiner Matratze herumhopste. Unerschrocken funzelte er sie mit seiner Taschenlampe an. Dann legte er ein paar Brotkrümel auf die Hand und hielt sie Piratz hin.
„Waaaaas? Du fürchtest dich gar nicht vor mir?“, rief Piratz entsetzt.
„Aber vor mir!“, rief Ätze. Er rollte mit seinen grünen Glupschaugen und züngelte mit seiner langen Schlangenzunge. Doch der Junge ließ sich nicht beeindrucken.
„Du kannst dich anstrengen, wie du willst: Ich fürchte mich nicht vor Ratten! Ich hatte zu Hause eine zahme Ratte. Meine Pflegeeltern haben sie umgebracht. Deshalb bin ich weggelaufen“, sagte er.

„Recht so. Wer wohnt schon gern bei Ratten-Mördern!“, sagte Piratz und rückte ein Stück näher an Elmer heran.
„Außerdem gingen sie mir auf den Keks mit ihrem Ordnungsfimmel. Ich sollte jeden Tag duschen und mein Zimmer aufräumen! Ich finde mein Zimmer unordentlich viel gemütlicher.“
„Geeenau!“, sagte Ätze. „Du bist mir sympathisch! Wie heißt du eigentlich?“
„Elmer“, sagte der Junge. „Und ihr?“
Ätze und Piratz stellten sich ebenfalls vor, und das, was sie über sich erzählten, zeugte nicht gerade von Bescheidenheit.
„Willst du länger hier bleiben?“, erkundigte sich Ätze.
„Nein, ich haue ab in den Süden. Ich suche einen Job auf einem Schiff. Wenn der Winter kommt, ist es ungemütlich, wenn man kein Zuhause hat.“

„Na, dann viel Glück“, sagte Piratz.
„Komme gerade von einer Schiffsreise zurück. Das ist auch nicht immer lustig.“
„Wenn ich nur erst einen Job hätte. Ich bin heute den ganzen Tag von Schiff zu Schiff gelaufen und habe zehn Absagen bekommen“, klagte Elmer.
„Kann ich nicht verstehen. Ein netter Stinker wie du“, sagte Ätze.
„Das ist es eben. Sie sagen, ich sähe zu schmuddelig aus. Und meine langen Haare …“
„Diese Leute haben eben keinen guten Geschmack“, sagte Ätze. „Ich hätte auch

vor kurzem auf eines dieser modernen picobello Luxusschiffe gehen sollen, als ich noch Zirkusmonster war. Aber bei so viel Reinlichkeit, weißen Uniformen und geputztem Messing ist mir richtig schlecht geworden. Da bin ich weggelaufen. Vielleicht gibt es noch andere Schiffe? Schiffe für Kerle wie uns?“
„Ihr könntet es auf einem Heringskutter, auf einem Kohlenschiff oder einem Schmugglerboot versuchen“, riet Piratz.
„Vielleicht auch auf einem Piratenschiff?“, sagte Ätze und zwinkerte listig.
„Auf einem Piratenschiff heuert man nicht an, das kapert man“, erklärte Piratz. „Und dafür ist der Junge noch zu unerfahren.“
„Mir ist jedes Schiff recht. Nur weg von hier!“, sagte Elmer.
Piratz gähnte: „Jetzt wird erst mal gepennt, Kumpel!“

„Ihr seid so hübsch hässlich. Ich finde euch irgendwie gut“, sagte Elmer. „Wenn ihr wollt, könnt ihr bei mir auf der Matratze schlafen. Wollt ihr meine Kuscheltiere sein?“

„Wie? Was? Kuscheltiere?“, knurrte Piratz.

„Bäääää! Kuscheltiere? Nie im Leben!“, protestierte Ätze. „Aber wir könnten deine Gruselmonster sein!“

„Nennt euch, wie ihr wollt. Aber legt euch hin und gebt Ruhe. Ich bin völlig fertig. Es war ein anstrengender Tag!“ Elmer drehte sich um und rollte sich in seine Jacke.

Mitten in der Nacht wurde Ätze wach. Er hörte Motorengeräusche.
„Was war das?“, fragte Elmer und fuhr ebenfalls hoch.
„Das war eine dieser knatternden Blechkisten“, knurrte Ätze.
Jetzt wurde das große Tor der Lagerhalle aufgeschoben.
„Drei Männer!“, berichtete Piratz.
„Polizei?“, rief Elmer erschrocken.
Schließlich war er von zu Hause weggelaufen. Das hatten seine Pflegeeltern bestimmt bei der Polizei gemeldet.
„Ich werde mal nachsehen“, sagte Piratz.
Er kam ziemlich schnell wieder zurück.

„Das sind keine Polizisten. Das sind Seeleute. Sie holen Kisten ab und bringen sie zur Kumbakumba, einem Schiff, das nach Bongo fährt!“, berichtete Piratz.
„Und wo liegt Bongo?“, erkundigte sich Elmer.
„Im Süden, wo es warm ist …“, sagte Piratz.
„… und wo es Nieswarzenschweine gibt!“, ergänzte Ätze.
„Das klingt gut!“, sagte Elmer.
„Denkst du, was ich denke?“, fragte Ätze und hüpfte auf Elmers Knie.
Elmer sah ihn an und sagte: „Wir gehen mit an Bord, oder?“
„Klare Sache!“, krächzte Ätze. „Wir brauchen uns bloß in eine der Kisten schmuggeln. Und schon ist es geschafft.“
„Das nennt man blinder Passagier!“, sagte Piratz.

„Von wegen blinder Passagier! Meine Augen sind besser als Menschenaugen“, sagte Ätze beleidigt.
„Wenn ihr nichts dagegen habt, komme ich mit!“, sagte Piratz. „Wenn ich mich nicht irre, kann euch Landratten eine alte Schiffsratte auf einer solchen Reise recht nützlich sein!“

Blinde Passagiere

Es war eine Kleinigkeit für eine Ratte, ein Monster und einen pfiffigen Jungen, sich in einer der großen Kisten zu verstecken, die bei Nacht und Nebel von einem Ladekran an Bord der Kumbakumba gehievt wurden.
„Wir müssen uns eine Weile ruhig verhalten. So lange, bis wir auf hoher See sind. Sonst schicken sie uns an Land zurück!“, sagte Piratz.
„Am besten schlafen wir eine Woche“, sagte Ätze und gähnte. „Ich kann es gar nicht erwarten, einem bongonesischen Nieswarzenschwein zu begegnen und euch zu beweisen, dass ich grässlicher bin!“ Er nahm einen kräftigen Schluck aus einer der kleinen Tintenpatronen, die er immer mit sich herumschleppte.

„Was trinkst du da?“, erkundigte sich Piratz neugierig.
„Tinte. Schließlich bin ich ein Tintenmonster“, brummte Ätze.
„Blöde Antwort. Ich bin eine Schiffsratte und fresse auch keine Schiffe“, antwortete Piratz.
„Psst!“, sagte Elmer. „Ich glaube, es geht los!“ Draußen hörte man Kommandos und das Rasseln der Ankerkette.
Ein leichter Geruch von Dieselöl zog durch die Luft. Man hörte den Motor und das Rotieren der Schiffsschraube.
„Ich bin auf großer Fahrt nach Bongo. Wenn das Igitte wüsste!“, seufzte Ätze.
„Wer ist Igitte?“, erkundigte sich Piratz verwundert.
„Das ist meine bestgehasste Freundin, oder besser: meine liebste Feindin. Eine nervige kleine Spinne.“

„Schreib ihr doch eine Ansichtskarte aus Bongo!“, riet Piratz. „Mit Sonne, Sand und Palmen drauf!“
„Und mit Piraten! Damit sie sich fürchtet. Keine schlechte Idee. Aber ich schreib keinen Absender drauf. Sonst kommt sie mir wieder nachgereist!“, knurrte Ätze.
„Ich hatte auch mal eine Freundin“, sagte Elmer. „Ich mochte sie sehr. Und eines Tages …“
„Schluss jetzt mit euren Liebes-geschichten“, fuhr Piratz dazwischen.
„Jetzt wird gepennt. Morgen ist auch noch ein Tag!“
Die drei Abenteurer in der Seekiste schliefen eine Nacht und einen Tag. Als sie aufwachten, waren sie schon mitten auf dem Atlantischen Ozean.
„Ich habe Hunger!“, sagte Elmer.
„Dann musst du dir etwas zu essen

besorgen!“, sagte Piratz. „Aber pass auf, dass sie dich nicht entdecken. Das kann gefährlich werden!“

Für Ätze und Piratz war es keine Kunst, aus der Kiste zu schlüpfen. Das Problem war Elmer. Da die Planke, die sie im Lagerhaus gelockert hatten, jetzt auf der Unterseite lag, mussten sie ein anderes der kräftigen Holzbretter aufstemmen. Es zeigte sich, wie nützlich die scharfen Zähne von Piratz dabei waren. Ätze gab die Kommandos. Elmer drückte von innen. Endlich war es geschafft. Das Loch in der Kiste war groß genug, dass Elmer herausschlüpfen konnte. Er dehnte und reckte sich. Dann sah er sich neugierig im Laderaum um. Da standen noch hundert ähnliche Kisten. „Landwirtschaftliche Geräte“ stand darauf.

Elmer hatte Hunger. Sein Magen knurrte. „Hier findet man wohl nichts zu essen, wie?“, fragte er und schnupperte.
„Essbares gibt es in Küche und Speisekammer. Lauf dort die Treppe hoch!“, rief Piratz. „Aber sei vorsichtig!“
„Mann, was ist das für ein Krach!“, stöhnte Ätze, als er mit seinen drei kleinen Beinchen die Metalltreppe hochkletterte. Er brauchte zehnmal so lang wie Elmer mit seinen langen Beinen.
„Das ist der Maschinenraum“, erklärte Piratz. „Dort ist der Schiffsmotor. Das ist nicht ungefährlich für unsereinen. Man kann sich leicht die Pfoten verbrennen.“
Elmer blieb vor einem der Bullaugen stehen, durch die man aufs Wasser hinaussehen konnte.
„Dieses Schiff ist kleiner als ich dachte!“, sagte Elmer.

„Ich finde es riesig groß!“, keuchte Ätze, als er die beiden anderen eingeholt hatte.
„Mein Hunger ist größer“, seufzte Elmer und wollte weiter.
„Halt. Stopp! Jetzt kommen wir auf das Mannschaftsdeck. Da wird es gefährlich“, warnte Piratz. „Wir sollten warten, bis es dunkel ist!“
Ein Duft von Bratkartoffeln zog über das Schiffsdeck.
„Ich halt es nicht mehr aus!“, murmelte Elmer und rannte davon.
„Vorsicht, Junge!“, rief ihm Piratz nach. Aber es war schon zu spät.
„Wen haben wir denn da?“, rief eine energische Stimme. Eine kräftige Männerhand packte Elmer beim Kragen.
„Ich denk mich beißt ein Hai: ein blinder Passagier“, rief ein zweiter Matrose. „Wir müssen dem Käpt’n Bescheid sagen.“

„Ich hatte den Jungen gewarnt“, knurrte Piratz, der mit Ätze hinter einer Taurolle hockte und die gefährliche Szene beobachtete.

Elmer muss Haare lassen

Der Kapitän hieß Mick Messer und bekam einen Tobsuchtsanfall, als er von Elmer erfuhr.
„Caramba! Wie konnte das passieren? Wer hat da nicht aufgepasst? Blinde Passagiere machen nur Scherereien. Werft den Kerl ins Meer!"
„Das ist nicht Ihr Ernst, Käpt'n", sagte der Koch. „Außerdem ist uns im letzten Hafen sowieso ein Küchenjunge weggelaufen. Wir könnten einen wie ihn gebrauchen. Sonst gibt es nie mehr Bratkartoffeln. Ich weiß nicht, wie ich die Arbeit alleine schaffen soll."
Mick Messer starrte eine Weile finster vor sich hin, dann sagte er: „Na gut, dann wollen wir es mit ihm versuchen! Aber schrubbt ihn erst mal und schneidet ihm

die Haare. Die sind ja total verfilzt. Und die Fingernägel! Schwarz wie Sargnägel. So ein Ferkel ist mir noch nie begegnet!“ Dann versetzte er Elmer einen Tritt mit seiner blank polierten Stiefelspitze. Der taumelte in die Arme des Koches, der ihn wieder unter Deck führte.
„Hast du gehört? Waschen und Haare schneiden? Das ist so schlimm wie sterben!“, sagte Ätze zu Piratz.
„Er wollte nicht hören!“, sagte Piratz. „Das kommt davon, wenn man wegen ein paar Bratkartoffeln den Verstand verliert!“

Am nächsten Morgen war Elmer nicht wieder zu erkennen.
„Mann, der ist ja blond!“, sagte Piratz.
„Und die schönen verlausten Haare sind weg!“, klagte Ätze. „Kurz geschoren wie eine Ratte!“

„Halb so schlimm“, grinste Piratz. „Aber das weiße Hemd! Ekel erregend sauber sieht er aus. Was haben sie bloß mit ihm gemacht. Und er riecht nach Seife! Dabei war er ein so sympathischer Stinker!“, jammerte Ätze.

Auch Elmer musste sich erst an sein neues Erscheinungsbild gewöhnen. Ohne seine Haarmähne kam er sich am Hals richtig nackig vor. Er stand vor dem Spiegel im Waschraum und zog Grimassen. Irgendwie hatte er, seit das Haar fehlte, mehr Gesicht. Ein Gesicht, mit dem er noch nicht so viel anfangen konnte.

„Reiß dich zusammen!“, brummte der Koch. „Mach ein freundliches Gesicht. Wir servieren jetzt dem Käpt'n und der Mannschaft das Frühstück. Dein Leben hängt davon ab. Verstanden? Wenn du

dem Käpt'n den Kaffee über die Hosen schüttest, garantiere ich für nichts!"
Elmer schluckte und versuchte, seine Mundwinkel zu einem Lächeln zu verziehen.
„So gefällst du mir schon besser!", sagte der Koch. „Wenn du deine Arbeit ordentlich machst, werden wir gut miteinander auskommen."
„Ich will es versuchen!", sagte Elmer.
„Und noch etwas: Häng nicht so schlaff herum, wie eine Vogelscheuche. So wird nie ein ordentlicher Seemann aus dir! Haltung, Junge! Haltung ist das halbe Leben!"
Elmer holte tief Luft, streckte seinen Rücken, reckte das Kinn und ging.
„Hast du das gesehen?", rief Ätze entsetzt. „Der richtet ihn ab wie einen Hund."

„Ich glaube, der Koch ist gar nicht so übel. Wo er Recht hat, hat er Recht: Ich finde Elmer sieht jetzt wirklich besser aus als vorher und ein schlappes Hemd, das nicht zupacken kann, hat als Seemann keine Chance“, bemerkte Piratz. „Und schon gar nicht als Pirat.“

„Wenn ich kein schlappes Hemd werden soll, dann brauche ich jetzt einen tüchtigen Schluck Tinte!“, sagte Ätze. „Gibt es so was auf einem Schiff?“
„Wenn, dann höchstens in der Kapitänskajüte“, sagte Piratz.
„Und was ist das?“
„So nennt man das Zimmer des Kapitäns auf einem Schiff. Aber ich warne dich: Mit dem ist nicht gut Tinte trinken. Das ist einer von den Typen, die über Leichen gehen. Du hast ja gehört, was er vorhin gesagt hat.“
„Denkst du, er ist bewaffnet?“, fragte Ätze.
„Da kannst du Rattengift drauf nehmen“, brummte Piratz.
„Du meinst also, er hat eine Fliegenklatsche?“
„Typen wie der haben immer Rattengift und Fliegenklatschen“, sagte Piratz.

Die Schatzkarte

„Tintäää, Tintäää. Wo gibt es hier Tintäää?“, brummte Ätze ärgerlich und schnüffelte mit seiner Monsternase in der Kapitänskajüte herum.
Er entdeckte allerlei Schreibsachen. Da lagen Bleistifte und Kugelschreiber, diese pfuiteufligen Duftstinker. Aber weit und breit kein Tintenfass. Auch nicht das winzigste Tintenpatrönchen.
„So ein Mist! Soll ich mitten auf dem Meer verdursten?“, schimpfte Ätze.
Auf einem Tisch in der Mitte des Raumes lagen einige Seekarten. Die meisten waren gedruckt. Aber eine war dabei, die war mit Tinte gezeichnet. Vorsichtig schleckte Ätze an den Linien.
„Mhm, guter alter Jahrgang!“, schmatzte Ätze. So etwas gab es selten. Höchstens

in Museen! Das war ja ein wahrer Leckerbissen. Und das Papier schien echtes Schweinepergament zu sein. Am besten schmeckten die Kreuzchen und Punkte, die mit roter Tinte auf die Karte gemalt worden waren. Ob das eine Schatzkarte war? Mhm, eher eine Schmatzkarte. Ätze leckte und leckte. Er war mit sich und der Welt wieder zufrieden.
Da ging die Tür auf. Kapitän Mick Messer kam herein. Er pfefferte seine Mütze auf das Bett und ging dann ans Bordtelefon.
„Schicken Sie mir Miller und Korumba. Sofort!“, brüllte er in den Hörer. Ätze hüpfte vom Tisch und versteckte sich hastig in einer der Falten des Bettvorhangs.
„Na endlich!“, knurrte der Kapitän, als die beiden Männer den Raum betraten.

W
N
S
O

„Ihr wisst, dass wir im Geheimauftrag unterwegs sind. Eine sehr delikate Angelegenheit. Morgen laufen wir Bongo an und übergeben die Ware den Revolutionären."

„Wir haben die Ladung überprüft. Es ist alles in Ordnung!", meldete Korumba.

„Lediglich ein Brett war lose. Das haben wir wieder befestigt. Es war die Kiste, in der sich der blinde Passagier versteckt hatte", bemerkte Miller.

„Er hat doch nichts bemerkt?", erkundigte sich der Kapitän besorgt.

„Keine Spur. Der Koch hat ihn gefragt. Er ist der Meinung, dass Landmaschinen drin sind. Das steht schließlich auch drauf."

„Wenn wir die – ähem – Landmaschinen abgeliefert haben, dann machen wir einen kleinen Umweg und steuern Guddiguddi an."

„Die berühmte Schatzinsel?“, wunderte sich Korumba.
„Genau die! Aber es ist streng geheim. Allen anderen sagen wir, die Insel heißt Banana und wir wollen dort nur ein paar Tage ausruhen! Sobald wir den Schatz haben, hauen wir ab und lassen die anderen auf der Insel zurück. Alle, bis auf den Steuermann und den Koch. Mit denen werden wir schon fertig. Im nächsten Hafen heuern wir dann neue Leute an.“
„Die Männer werden auf der Insel verhungern“, überlegte Korumba.

„Pah! Es gibt genug Bananen und Trinkwasser dort. Die werden leben wie Robinson, hääääää. Wenn sie Glück haben, kommt in ein paar Jahren ein Schiff vorbei und nimmt sie mit."
„Weiß keiner außer uns Bescheid?",
vergewisserte sich Korumba.
„Keiner!", versicherte der Kapitän.

Die beiden Männer verabschiedeten sich. Auch der Kapitän verließ den Raum und sperrte die Tür hinter sich zu.

Sepia, der Tintenfisch

Ätze platzte fast vor Tatendrang. Erstens hatte er extrastarke Supertinte geschleckt und fühlte sich bärenstark. Zweitens hatte er so viele aufregende Neuigkeiten erfahren, dass er es unbedingt sofort Piratz erzählen musste!
Aber wie kam er aus der Kajüte heraus?
Er entdeckte das Frühstücksgeschirr auf dem kleinen Tischchen neben dem Bett. Daneben war die Klingel.
Ätze klingelte. Dann setzte er sich in die leere Teekanne. Als jetzt der Steward kam und sich in der Kapitänskajüte umsah, entdeckte er nichts anderes als das gebrauchte Geschirr. Er nahm es und trug es in die Küche.
Elmer war gerade dabei, die Spülmaschine einzuräumen.

„Halt, du Idiot!“, rief Ätze ärgerlich, als Elmer die Kanne in die Maschine stülpte. „Willst du mich umbringen?“
„Ätze, du?“, rief Elmer überrascht. „Wenn dich jemand sieht, krieg ich Schwierigkeiten!“
„Auf dem Schiff geht einiges vor, was ich noch nicht ganz begreife!“, sagte Ätze. „In den Kisten ist nicht das, was draufsteht. Der Kapitän will einen Schatz holen und dann den größten Teil der Mannschaft auf einer Bananeninsel aussetzen, die eigentlich eine Schatzinsel ist. Sieh mal nach, was in den Kisten ist. Halt Augen und Ohren offen, Junge!“
„Mach ich“, versprach Elmer, und dann hüpfte Ätze davon. Gerade noch im rechten Augenblick, denn jetzt trat der Koch neben Elmer und sagte:
„Was ist mit dir? Träumst du vor dich hin?

Das kann ich nicht gebrauchen. Marsch an die Arbeit. Kartoffeln schälen! Und dann solltest du noch die Tintenfische für die Vorspeise in Essig und Öl einlegen."
Bei dem Wort Tintenfisch wurde Ätze hellhörig. Er leckte sich die Lippen. Von seiner winzigen Mahlzeit auf der Schatzkarte des Kapitäns war er schließlich nicht satt geworden. Er beschloss, Elmer auf Schritt und Tritt zu folgen.

„Psst!“, zischte Ätze, als Elmer am Küchenherd stand.
Elmer sah erschrocken auf und blickte direkt in Ätzes Glupschaugen.
„Sieh mir in die Augen, Kleiner!“, krächzte Ätze, der in Elmers Augenhöhe am Gewürzbord baumelte.
„Wie kommst du denn da hinauf?“, fragte Elmer verwundert und starrte Ätze an.
„Fitness ist alles!“, sagte Ätze. „Aber um fit zu bleiben, brauche ich Tintäää! Tintäää! Ich habe gehört, hier gibt es Tintenfisch?“
„Da ist kein Tröpfchen Tinte mehr drin, wenn sie erst mal gekocht sind!“, sagte Elmer. „Aber ich will sehen, was ich für dich tun kann!“
Tatsächlich gelang es Elmer, aus einer Wanne mit frisch gefangenen Fischen, die in der Speisekammer stand, einen lebenden Tintenfisch herauszuangeln.

Ätze starrte voller Bewunderung auf das ungewöhnliche Tier. So etwas hatte er noch nie gesehen!

„Zehn Beine! Und dann noch so hübsche Noppen dran! Mann, wenn ich das Igitte erzähle, diesem mickrigen achthaxigen spillerbeinigen Spinnenvieh. Die wird vor Neid blass!“, murmelte er.
Der Tintenfisch hieß Sepia, war größer als ein Suppenteller, hatte zehn Beine, von denen zwei Fangarme waren, und wunderschöne tintenblaue Augen.
„Mannomann!“, staunte Ätze. „Könntest du mir nicht eines deiner Beine schenken?“
„Ein Bein von mir säh an dir wohl ziemlich komisch aus“, kicherte Sepia.

„Du hast alles, was mir fehlt, im Überfluss: Tinte und Beine!", sagte Ätze, der oft darunter litt, dass er nur drei Beinchen hatte, auch wenn er es nie zugab.
„Und du hast, was mir fehlt: die Freiheit herumzuhüpfen!", seufzte Sepia. „Ich brauche das Wasser zum Leben. Ohne Wasser bin ich in kurzer Zeit tot."
Sie sah Ätze mit so traurigen Augen an, dass er zum ersten Mal in seinem Monsterleben so etwas wie Mitleid empfand.

„Vielleicht können wir einen Tauschhandel machen: Tinte gegen Wasser?"
„Einverstanden!", sagte Sepia. „Du sollst meine ganzen Tintenreserven bekommen, wenn du dafür sorgst, dass man mich wieder ins Meer wirft! – Und falls du mal eine Flaschenpost verschicken möchtest, schreib drauf „per Polypenkurier", dann werden wir sie sofort befördern!"
„Tinte ist zum Schreiben viel zu schade!", krächzte Ätze, aber er ließ sich gerne auf den Handel ein.
So geschah es, dass mit Elmers Hilfe ein liebenswerter Tintenfisch namens Sepia dem Kochtopf entrann und Ätze einen Monatsvorrat an schwarzer Tinte bekam.

Kapitän Messer reagiert scharf

Als der Kapitän entdeckte, dass die Landkarte der Schatzinsel Guddiguddi ruiniert war, bekam er einen Tobsuchtsanfall und brüllte: „Wer war zuletzt in meiner Kajüte?“
„Ich“, sagte der Steward wahrheitsgemäß. „Weil Sie geklingelt haben.“

„Ich habe nicht geklingelt!“, brüllte der Kapitän. „Was hast du dort gemacht?“

„Ich habe nur das Geschirr weggeräumt“, sagte der Steward kleinlaut.

„Und dabei ein bisschen herumgeschnüffelt, wie?“, brüllte Mick Messer.

„Be-be-be-stimmt nicht!“, versicherte der Mann. Er war kreidebleich.

„Werft ihn ins Meer!“, brüllte der Kapitän.
„Wir können ihn doch nicht einfach ins Meer werfen“, brummte der Koch.
„Ruhe!“, brüllte Messer. „Sonst fliegst du hinterher!“
Der Koch drehte sich um und murmelte im Weggehen: „Dann musst du deine Kartoffeln selber schälen!“

„Mick Messer ist ein Ekel. Wenn ich das gewusst hätte, hätte ich auf diesem Schiff nicht angeheuert!“, raunte der Steuermann dem Koch zu.
„Messer ist ein Hitzkopf! Vielleicht bessert sich seine Laune, wenn wir morgen die Fracht abgeliefert haben. Das scheint ja wohl etwas Geheimnisvolles zu sein. Sonst wären wir nicht bei Nacht und Nebel ausgelaufen“, sagte der Koch.
„Korumba hat gestern bei einem Glas Wein erzählt, es sei eine Geburtstagsüberraschung für den König von Bongo. Deshalb ist es auch so wichtig, dass wir morgen dort sind!“, sagte der Steuermann. „Da beginnt die große Feier.“

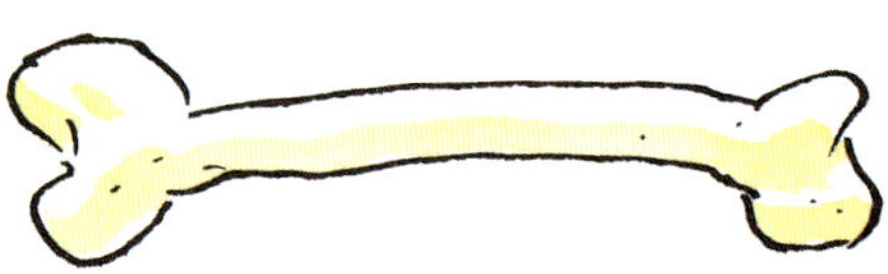

Der König von Bongo

Als der Hafen von Bongo in Sicht war, befahl der Kapitän, das Deck zu schrubben und die Kumbakumba mit bunten Fähnchen zu beflaggen. Die Matrosen mussten ihre blütenweißen Hemden anziehen und alle an der Reling stehen, als das Schiff in den Hafen einlief.
Der bongonesische König ließ es sich nicht nehmen, den Kapitän persönlich zu begrüßen und der Koch überreichte ihm eine riesige Geburtstagstorte mit kleinen Marzipannashörnern drauf. Sie waren die Wappentiere von Bongo.
Ätze, der noch nie einen echten König gesehen hatte, ließ sich auf einem der Mangrovenbäume am Hafenrand nieder und beobachtete alles genau.

Der König von Bongo gefiel ihm sehr. Er sah rund und gemütlich aus und seine Haut war angenehm dunkel.
Piratz saß neben Ätze und scherzte: „Hej Kumpel, wenn jetzt ein bongonesisches Nieswarzenschwein aus dem Busch tritt, dann fällst du vor Schreck vom Ast, wetten?“

Es kam zwar kein bongonesisches Nieswarzenschwein, aber der Kapitän in seiner schneeweißen Weste. Sein Rasierwasser roch nach Lavendel und Sauberkeit. Er begrüßte den König von Bongo ausgerechnet unter dem Baum, auf dem Ätze saß.
„Mieser Duftstinker!", krächzte Ätze.
Ihm wurde übel. Außerdem hatte er wohl zu gierig von Sepias frischer Tinte getrunken. Er musste sich übergeben. Auf der weißen Jacke des Kapitäns erstrahlte ein riesiger schwarzer Fleck.
König Bubu von Bongo bemerkte es zuerst und sagte lachend: „Oh, hat man dir einen Orden verliehen?" Er deutete auf den sternförmigen schwarzen Fleck.
„Das? Was ist das?", rief Mick Messer mit einem ärgerlichen Blick auf Korumba, der für seine Garderobe verantwortlich war.

„Da saß ein Tintenvogel auf dem Baum. Er hat soeben auf die Jacke ge… ehem. Ich habe es genau gesehen!“, sagte Korumba so laut, dass es König Bubu hörte.
König Bubu von Bongo lachte laut und rief: „Bei uns gibt es keine Tintenvögel, die auf Jacken kacken! Bringt ihm einen Blumenorden. Das ist das beste Fleckversteck!“
Er winkte eines der jungen Mädchen herbei, die mit Blumenkörben herumstanden, und steckte dem Kapitän eine rosa Blüte an, die so groß wie ein Pfannkuchen war.
Mick Messer war wütend und kam sich veralbert vor.
„Na warte Bubu!“, murmelte er. „Du bist die längste Zeit König gewesen! Du weißt es bloß noch nicht.“

„Nun, Kapitän, habt ihr die bestellten Traktoren und Werkzeuge mitgebracht?“, erkundigte sich König Bubu freundlich. „Wir brauchen sie dringend für unsere neuen Bananenplantagen!“

„Alles in Ordnung, Majestät!“, mischte sich Landwirtschaftsminister Pöngpöng hastig ein. „Meine Leute sind schon informiert. Sie werden die Ladung heute Nacht noch auf Lastkähnen zum Lagerhaus an der Krokodilsbucht bringen!“
„Dann können wir ja in aller Ruhe feiern. Meinen Geburtstag, die Landwirtschaftsreform und den Anbruch einer neuen friedlichen Zeit für Bongo!“, sagte König Bubu zufrieden.
Er erhob sich und ging mit seinen Gästen zum Strand. Dort war im Schatten der Palmen ein Festmahl angerichtet. Alle folgten ihm bis auf Minister Pöngpöng. Der unterhielt sich angeregt mit Kapitän Messer. Ätze hörte gerade noch, wie Messer sagte: „Wann genau steigt die Sache?“
„Heute um Mitternacht, wenn wir in König

Bubus letzten Geburtstag hineinfeiern! Er wird von der Sache nicht viel mitbekommen. Sein Mundschenk ist auf unserer Seite. Er schüttet etwas in den Wein.“ Pöngpöng grinste hinterhältig. „Die anderen werden feiern und nichts bemerken. Wenn wir erst die Waffen haben, ist die Revolution so gut wie gewonnen.“

„Werden wir anschließend das Vergnügen haben, mit König Pöngpöng dem Ersten auf eine lange Regierungszeit anzustoßen?“, erkundigte sich Mick Messer.
„Mit Präsident Pöngpöng“, sagte Pöngpöng und lachte. „Die Monarchie wird abgeschafft. Aber im Grunde ändert sich nichts.“
„Und die Bezahlung der Waffen?“
Pöngpöng grinste. „Wie abgemacht: Hunderttausend Gold-Bongos! Sie sind dort in der Kiste! Die bekommen Sie, sobald Bubu ins Gras gebissen hat, und keine Minute früher. Verstanden?“

Die Verschwörung

Ätze war ziemlich aufgeregt. Pöngpöng plante einen Mordanschlag auf König Bubu! Er suchte überall nach Elmer und Piratz. Endlich fand er sie. Sie hockten abseits vom Lärm unter einer Palme und aßen frische Früchte.

Aufgeregt berichtete Ätze, was er gesehen und gehört hatte.

„Minister Pöngpöng plant einen Umsturz. Sie wollen König Bubu abmurksen!"

„Schurken! Verräter!", knurrte Piratz.

„Ich bin zwar ein Scheusal, aber kein Mörder! Wir müssen diesen Anschlag verhindern", sagte Ätze.

„Aber wie?", fragte Elmer.

„Du könntest König Bubu warnen, dass man Gift in seinen Wein tun will", sagte Ätze. „Außerdem soll er sich die Kisten mit

den Werkzeugen genau ansehen, die auf der Kumbakumba sind."
„In den Kisten sind keine Werkzeuge, sondern Waffen, Munition und Dynamit!", rief Elmer. „Ich habe vorhin nachgesehen, als alle von Bord gingen."
„Das erklärt alles", sagte Ätze.
„Diese Waffen dürfen auf keinen Fall in die Hände der Rebellen geraten. Sonst gibt es Krieg in Bongo. Das wäre fürchterlich!", rief Piratz.
„Elmer hat doch Dynamit entdeckt! Damit könnten wir alles in die Luft jagen!", rief Ätze aufgeregt.
„Aber nicht auf der Kumbakumba!", sagte Elmer. „Das schöne Schiff. Wir brauchen es für die Rückreise!"
Ätze überlegte: „Käpt'n Messer und Pöngpöng wollen die Kisten mit den Waffen in das alte Lagerhaus am Hafen bringen

lassen. In alten Lagerhäusern kennen wir uns doch aus, Freunde. Dort werden wir ein kleines Feuerwerk veranstalten. Pöngpöng soll seine helle Freude an uns haben!“

Die Flaschenpost

Elmer mischte sich unter die Festgesellschaft, um sich möglichst unauffällig an König Bubu heranzupirschen.
Ätze und Piratz machten sich auf den Weg zum alten Lagerhaus, um dort auf die Ankunft der Kisten zu warten.
Als sie am Strand entlangliefen, sauste ein Wurfgeschoss haarscharf an Ätzes vorwitziger langer Nase vorbei: Es war eine leere Rotweinflasche, die einer der vorüberschwankenden Seeleute hinter sich geworfen hatte.

„Poooh! Schwein gehabt!“, sagte Piratz.
Ätze starrte auf die leere Flasche, die neben ihm im Sand lag, und sagte: „Heij-ho! Das ist genau der richtige Briefumschlag für eine wichtige Flaschenpost, die ich schon immer schreiben wollte!“
Er hob eine Papageienfeder auf, die am Strand lag. „Jetzt brauche ich nur noch einen Fetzen Papier und einen Korken, Kumpel! Dann geht die Post ab!“
„Das will ich dir gern besorgen!“, sagte Piratz. „Pass du auf, ob die Kähne mit den Kisten kommen!“
Aber die Kisten kamen noch lange nicht. Piratz war längst mit Korken und Schreibpapier zurück. Er setzte sich auf die Klippe neben dem Lagerhaus und hielt Wache.
Ätze schrieb und schrieb.

Bestgehasste Freundin Igitte,

ich sitze hier am Strand von Bongo und fühle mich kotzeklig wohl. Wir werden gleich ein Königreich retten und ein riesiges Feuerwerk machen. Bin umgeben von gefährlichen Piraten und oberaffen schrillen zehnbeinigen Weibern mit tintenblauen Augen. Unser Schiff heißt Kumbakumba. Wann es zurückkommt, steht in der Zeitung. Ich hoffe, es geht dir miserabel und du stehst nicht winkend am Hafen, wenn ich komme.

Ätzliche Grüße, auch von meinen Freunden, den bongonesischen Nieswarzenschweinen und den Buckelnuckelpickelnashörnern.

gez. Ätze, Tintenmonster
(jetzt auch Piratenmonster genannt!)

Ätze las noch einmal, was er geschrieben hatte. Er war sehr zufrieden damit.
Es war der längste Brief seines Lebens.
Er schrieb Igittes Adresse und „per Polypenkurier“ auf die Flasche, verkorkte sie und warf sie in hohem Bogen ins Meer.
Am Strand hörte man jetzt den Klang der Bongotrommeln, der die Sonne begleitete, die jetzt wie eine riesige goldene Scheibe im Meer untertauchte.
„Da kommen sie!“, rief Piratz und sprang hoch.
Tatsächlich! Da schoben sich zwei Lastkähne in die Bucht und steuerten die Krananlage am Lagerhaus an. Sie hatten die gefährlichen Kisten an Bord.
„Jetzt gibt es Arbeit, Kumpel!“, sagte Ätze.

Der Knalleffekt

Elmer hatte Mühe, sich bei König Bubu von Bongo Gehör zu verschaffen. Der hatte ausführlich gezecht und geschmaust und wollte zunächst nicht glauben, dass Pöngpöng ein Verräter war.
„Es sollen Waffen in den Kisten sein? Nun, das werden wir morgen leicht feststellen."
„Dann ist es zu spät! Trinkt keinen Wein mehr, Majestät!", riet Elmer.
„Unsinn!", sagte der König und befahl dem Mundschenk, den Wein vorzukosten. Der Mundschenk weigerte sich. Er ließ Krug und Becher fallen und rannte davon.
„Vielleicht ist an der Sache doch etwas dran!", sagte Bubu mit ernstem Gesicht.
„Lassen Sie Pöngpöng nicht aus den Augen!", riet Elmer.

Aber der Minister war nirgends zu sehen.
Der König schickte seine Leute aus, um
den Minister zu suchen. Man fand ihn am
Hafen.

„Ich möchte mit meinen Ministern um Mitternacht auf meinen Geburtstag anstoßen!“, sagte König Bubu und lächelte geheimnisvoll.
Pöngpöng lächelte etwas gequält zurück. Dass er zu diesem Zeitpunkt an des Königs Seite sein sollte, passte gar nicht in seine Pläne.
Kurz vor Mitternacht hörte man eine ohrenbetäubende Explosion. Auf der Landzunge am Ende der Hafenbucht krachte und knallte es.
„Was ist das?“, rief Bubu überrascht.
„Oh, äh, das ist ein Feuerwerk zu Ihrem Geburtstag! Anscheinend ist es etwas zu früh losgegangen!“, sagte der Minister rasch und griff nach dem Dolch unter seinem weiten Gewand.
Aber er hatte nicht mit Elmers starken Armen gerechnet. Der packte Pöngpöng

blitzschnell am Handgelenk. Klirrend fiel die Waffe auf den Boden.
„Wache!“, brüllte Bubu. „Nehmt den Mörder fest! Und die drei dort ebenfalls.“
Er zeigte auf Messer, Miller und Korumba, die aufsprangen und davonlaufen wollten.
Aber sie kamen nicht weit …

Die Schatzkiste

Drei Tage wurde gefeiert. Alle waren vergnügt und ausgelassen. Bis auf Pöngpöng und seine Spießgesellen. Die saßen im bongonesischen Kerker und bekamen nur Bananen als Festessen. Genau wie Kapitän Messer und seine beiden Komplizen.
„Was geschieht denn mit den Gefangenen?“, erkundigte sich Elmer bei König Bubu.
„Sie sollen in einigen Wochen auf der Insel Guddiguddi ausgesetzt werden und dort eine Bananenplantage anlegen!“, sagte König Bubu und lachte. „Im Gefängnis sitzen sie schließlich bloß nutzlos herum.“
„Ausgerechnet auf Guddiguddi?“, fragte Elmer. „Auf der bekannten Schatzinsel?“

König Bubu lächelte listig und sagte: „Schatzinsel? Das ist eine Geschichte, die meine Vorfahren einmal erfunden haben, um Seefahrer und Abenteurer anzulocken. Den meisten ist es nicht gut bekommen!“

„Aber der Käpt’n Messer hat eine echte Schatzkarte …“, sagte Elmer.
„Man hat damals hundert solcher Schatzkarten anfertigen lassen“, sagte Bubu. „Das war eine hübsche Anregung für den Fremdenverkehr. Zugegeben ein übler Trick. Aber so kamen die Leute und gruben kostenlos den steinigen Boden der Insel um, hihihi.“

Eine Schatzkarte als Fremdenverkehrswerbung? Da musste auch Ätze kichern, der von einem sicheren Versteck aus das Gespräch belauschte.
Bubu fragte Elmer nach seinen Zukunftsplänen.
„Am liebsten möchte ich auf die Seefahrtschule und Kapitän werden. Ich werde so lange zur See fahren, bis ich das Geld dafür zusammenhabe!“, sagte Elmer.
„Das könnte schneller gehen, als du denkst“, sagte Bubu und lächelte. „Siehst du die Schatzkiste dort? Sie ist voller Gold-Bongos und war von Pöngpöng als Bezahlung für die Mordwaffen vorgesehen. Sie soll dir gehören!“
„Booo!“, sagte Elmer, als er den Deckel öffnete. Mehr fiel ihm dazu nicht ein.
„Du bist ein tüchtiger Junge! Ich hoffe, dass du auf deiner ersten Reise als

Kapitän den Hafen von Bongo anlaufen wirst und hier ein aufstrebendes, friedliches Land vorfindest“, sagte König Bubu.

Rückkehr

Nachdem die Festtage mit allen ihren Aufregungen vorüber waren, machte sich die Kumbakumba auf die Rückreise.
Der Steuermann war zugleich der neue Kapitän. Elmer wich ihm nicht von der Seite, um möglichst viel zu lernen.
Auch der Koch war zufrieden, denn in Bongo waren zwei Jungen an Bord gekommen, die ihm in der Küche halfen.
So gab es wieder Bratkartoffeln.
Der neue Kapitän bestand darauf, dass Elmer seinen Pflegeeltern einen Brief schrieb und sie von seinen Berufsplänen unterrichtete.
Elmer gefiel das Leben an Bord.
Ätze eigentlich auch, bis dieser grässliche Sturm kam und er seekrank wurde. Er wurde grün und blau im Gesicht und

sehnte sich nach festem Boden unter seinen Füßen.
„Ich hatte dich ja gewarnt!“, sagte Piratz. „Das Leben auf See hat auch seine Tücken!“
Eine Woche nach dem großen Sturm steuerten sie wieder den Heimathafen an.
„Halt dich fest! Es weht ein starker Wind!“, rief Piratz Ätze zu, als sie sich dem Kai näherten. Ätze klammerte sich mit allen drei Beinchen an ein dickes Tau und rief: „Bin ja gespannt, ob Igitte, diese kotzeklige Spinne, dieser lästige Zwiebelfurz, dieses achthaxige Hutgestell, meine Piratenpost bekommen hat.“
Es begann zu regnen.
„Sehr unwahrscheinlich“, murmelte Piratz und schüttelte die Wassertropfen aus dem Fell. „Flaschenpost kommt selten an. Und wenn, dann dauert es Jahre!“

„Nicht wenn man sie **per Polypenkurier** versendet!“, bemerkte Ätze.

„Polypenkurier? Was ist denn das für ein Blödsinn?“ Piratz rümpfte die Nase.

„Mein Geheimnis“, sagte Ätze. Dann schnappte er plötzlich nach Luft und japste: „Mannomann! Ich krieg die Krise. Sieh doch bloß, da steht tatsächlich Igitte, diese oberaffenschrille Spinne. Sie winkt mit ihrem Hütchen!“, rief Ätze . „Oh, wie ich sie hasse!“

Ursel Scheffler

Ätze

das Weltraummonster

Was in der Zwischenzeit geschah

Nachdem Ätze an Bord der Kumbakumba monstermäßige Abenteuer erlebt hat, verschlägt es ihn zunächst auf einen Rummelplatz. Doch als er die neue Attraktion im Flohzirkus werden soll, ist auch für das kotzeklige Tintenmonster Schluss mit lustig! Zum Glück gibt es Igitte, die das Schlimmste verhindert und Ätze mit auf Burg Spinnenstein nimmt, wo sie reißfeste Spinnweben für den erfinderischen Schlossherrn McSpider herstellen soll …

Diese Abenteuer könnt ihr in den beiden Bänden **„Ätze, das Gruselmonster“** und **„Ätze, das Rittermonster“** nachlesen.

Inhalt

Igitte ist immer an allem schuld …

… auch daran, dass Ätze vor ein paar Tagen plötzlich nach Amerika flog.
Und das kam so:
Die amerikanische Raumfahrtbehörde NASA war begeistert von der Qualität der reißfesten Spinnweben, die Igitte und ihre Freundinnen produzierten. Deshalb kamen der Astronaut John F. Grant und sein Sohn Harvey auf Schloss Spinnenstein am Rhein.
Ätze befreundete sich dort mit Harvey, der behauptete, Monstertrainer zu sein – allerdings nur am Computer. Harvey war begeistert von Ätze. „Wow!“, rief er.

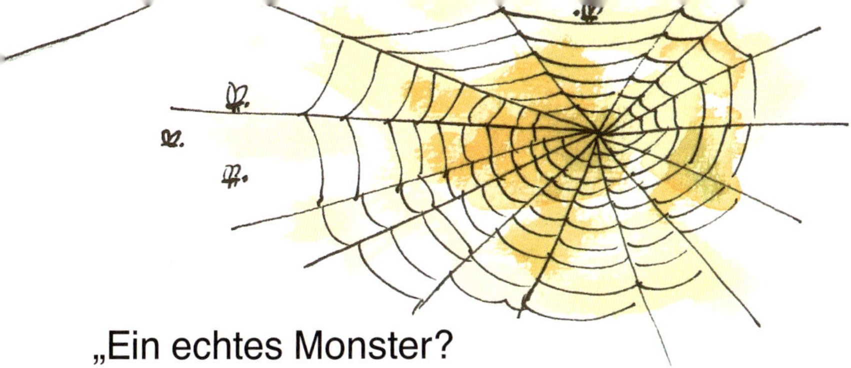

„Ein echtes Monster? Cool!“ Er versteckte Ätze in einem Paar gemütlicher Stinksocken und nahm ihn mit auf die Heimreise.

Bei der Landung in Miami gab es allerdings ein Problem. Zorro, ein erfahrener Schnüfflerhund vom Zoll, witterte Ätze sofort. Harvey musste seine Reisetasche aufmachen. Aber er behielt die Nerven und sagte: „Tut mir leid, das was der Hund erschnüffelt hat, müssen meine stinkigen Socken sein. Soll ich sie auf den Tisch legen?“

Der Zollbeamte lehnte dankend ab. Harvey durfte seine Reisetasche wieder schließen. So kam Ätze durch die strengen Grenzkontrollen in die USA.

Bei den Grants

Harvey rettete ein Paar seiner köstlichen Duftsocken vor der Waschmaschine und baute für Ätze ein Monsternest in seinem Wandschrank.
„Tintää! Ich brauche Tintäääää!“, knurrte Ätze unzufrieden.
Die lange Reise hatte ihn unheimlich durstig gemacht.
„Wo soll ich Tinte hernehmen?“, sagte Harvey und angelte lässig mit der Zunge nach einer Kaugummiblase. „Ich schreibe fast nur auf dem Computer.“
„Du verdammter Kaugummifresser hast gesagt, hier gäbe es Tinte literweise! Du Lügner! Du Monstermörder!“
„Hei, hei! Nun aber langsam! Ich hab noch nie ein Monster umgebracht“, wehrte sich Harvey.

„Aber du wirst es!“, jammerte Ätze. „Weil ich gleich sterbe. Meine Zunge klebt wie Fliegenleim!“
„Ich werde sehn, was ich tun kann!“, versprach Harvey. „Aber rühr dich nicht vom Fleck. Wenn dich jemand sieht, ist alles vorbei! Dann holt meine Mum oder mein Dad das Mückenspray oder die Fliegenklatsche und es ist aus mit dir!“
„Dann renn schon los! Du Mistbolzen, du Wörterbrecher, du Tintenlüger!“

Es dauerte gar nicht lange, da kam Harvey zurück. Er hob bedauernd die Schultern und sagte: „Das ist alles, was ich finden konnte!“

Er gab Ätze eine halb vertrocknete Tintenpatrone.

„Die war noch in Dads uraltem Füller.“

„Ist das alles?“, krächzte Ätze. Er setzte das kleine Plastikfläschchen gierig an den Hals und gluckerte es leer.

„Leider ja! Selbst unser alter Tintenstrahldrucker ist weg. Papa hat einen Farb-Laserdrucker gekauft. Geht auch Kugelschreiber?“
„Bist du wahnsinnig? Diese pfuiteufligen Duftstinker!“, empörte sich Ätze.
„Dann hilft nur eines. Du musst morgen mit in die Schule kommen!“
„Wenn es unbedingt sein muss“, knurrte Ätze, der in seinem Monsterleben nicht immer gute Erfahrungen mit der Schule gemacht hatte.

Im Schulbus

Am nächsten Morgen um halb acht stand Ätze mit Harvey an der Haltestelle des Schulbusses. Harvey, der sich morgens wieder mal nicht gewaschen hatte, verspürte plötzlich den Drang, wenigstens seine Nase zu reinigen.

„Achtung, da kommt dein Bus, du kotzgammeliger Popelfresser“, rief Ätze und hopste auf Harveys Schulter auf und ab.

Ein großer orangefarbener Bus, der die Form eines fahrenden Toastbrotes hatte, rollte heran. Die riesigen roten Bremslichter leuchteten. Die Tür öffnete sich zischend.
Es waren schon eine ganze Menge Schulkinder im Bus. Leider waren auch Seifen-Stinker und Shampoo-Dufter darunter. Ätze verkroch sich angeekelt in Harveys Sporttasche.
„Good morning, Harvey!“, sagte der Busfahrer freundlich.
„Morning“, brummte Harvey und ließ sich auf den nächsten freien Sitz plumpsen. Direkt neben Jonny.
„Willste welche?“, fragte Jonny auf Englisch und zeigte Harvey seine neuen Monster-Tauschbilder.
„Woher sind die?“, fragte Harvey.
„Na, woher wohl“, sagte Jonny, der in

einschlägigen Kreisen als Jonny Longfinger bekannt war, weil er oft „einkaufte“, ohne zu bezahlen. Er hatte deshalb schon mehrfach Bekanntschaft mit der Polizei gemacht.
„Nein, danke!“, sagte Harvey. „Monsterbilder sammle ich nicht mehr.“

Jetzt hielt der Schulbus in der Coconut-Grove. Da standen schöne, gepflegte Villen. Zwei Kinder in blütenweißen T-Shirts stiegen ein. In Harveys Sporttasche begann es zu rumoren.

„Igitt! Hier stinkt's nach Seife!", ächzte Ätze. „Lass mich raus. Ich muss kotzen!"
„Du bleibst drin!", murmelte Harvey. „Das sind Ben und Betsy, die Parker-Zwillinge. Die sind ganz o. k.!"
„Pfuideibel, die stinken ja wie Harriet! Nach Duschgel und Shampoo! Oh Monstergraus! Da fallen mir glatt die Borsten aus!"
Harvey grinste. Seine Schwester Harriet verbrachte jeden Morgen und jeden Abend eine halbe Stunde im Badezimmer. Völlig unnötigerweise, wie er fand. Da war er mit Ätze einer Meinung.
Ein Hund lief über die Fahrbahn. Der Busfahrer bremste scharf. Harveys Sporttasche fiel auf den Boden. Der Reißverschluss öffnete sich dabei gerade so weit, dass Ätze herausspringen konnte. So wurde er nicht von der englischen

Grammatik erschlagen, die mit einem verschwitzten Baseballshirt unter ihm in der Tasche gelegen hatte.

Ätze floh nach oben, wo die Haltegriffe im Bus hingen. Da fühlte er sich sicherer. Er schaukelte eine Weile wie ein Affe hin und her.

Keiner bemerkte ihn. Ärgerlich! Dabei war er das größte, hässlichste Monster auf der ganzen Welt. Das hatte sich offenbar in Amerika noch nicht herumgesprochen. Stattdessen tauschten die Kinder Bilder von Monstern und Dinosauriern, die es gar nicht wirklich gab! Höchstens im Kino. Ätze kniff die grünen Glupschaugen zusammen, drückte und ließ ein paar Tintentropfen auf die blütenweißen T-Shirts der Parker-Zwillinge fallen.

„Was ist auf deinem Hemd?“, fragte Ben seine Schwester.

„Keine Ahnung“, antwortete Betsy.

In diesem Augenblick schickte Ätze noch einen Tintengruß herunter.

„Es kommt von da oben!“, rief Ben und deutete auf den Haltegriff.

Jetzt waren auch die anderen auf den Vorfall aufmerksam geworden.

KING
8

„Igitt! Eine Spinne!“ Sam deutete mit spitzem Finger auf Ätze.
„Eine Tarantel vermutlich!“, rief Jonny aufgeregt. „Ein einziger Biss ist lebensgefährlich!“
Er verzog sich auf einen der hinteren Sitze und hielt seinen Baseballschläger fest umklammert. Er war wild entschlossen, das eklige Vieh zu töten, falls es sich ihm näherte.
Da stand Harvey auf und sagte ruhig: „Ich glaube, es ist die dreibeinige Tintentod-Tarantel. Ich werde sie gleich einfangen und in den Zoo bringen. Diese Tiere sind gefährlich, aber sehr selten.“
Den anderen fielen vor Bewunderung fast die Augen aus dem Kopf, als Harvey jetzt total cool aufstand und sein geöffnetes Brillenetui unter den Haltegriff hielt.
„Spring!“, befahl er.

Ätze, der den gefährlichen Baseball-
schläger ebenfalls bemerkt hatte, sprang gehorsam hinein.

„Ich fass es nicht! Er hat ‚spring' gesagt und das Vieh ist tatsächlich gesprungen!", wisperte Betsy Parker voller Bewunderung. Laut genug, dass Harvey es hören konnte. Der kam sich vor wie Tarzan.

Der Bus hielt direkt vor der Schule.
„Was machst du jetzt mit diesem Monster?“, erkundigte sich Betsy, als sie ausstiegen.
„Mal sehen, vielleicht behalt ich es eine Weile und dressiere es. Es ist ja nicht dumm. Das hat man ja gesehen“, antwortete Harvey.
„Wow!“, sagte Betsy. „Du hast Mut!“

Ein Tintenmonster braucht Tinte!

Ätze hatte Schulerfahrung. Schließlich war er lange genug Hosentaschenmonster bei Kalle gewesen. Da hatte er Sachen wie Schüler schocken, Eltern erschrecken und Lehrer ärgern lange genug geübt. Auch Englisch hatte er gelernt. Leider keine Schimpfwörter. Aber die bastelte sich ein Monster wie er sowieso lieber selber.
„Ich kann dich jetzt nicht brauchen, weil wir eine Mathearbeit schreiben!", sagte Harvey. „Du bleibst solange in meinem Locker!"
Damit meinte er das abschließbare Schrankfach, das jeder Schüler auf dem Flur hatte.
„Ich bin doch kein Locker-Hocker!", rief Ätze empört und hüpfte in hohem Bogen

wieder heraus. „Ich komme mit und sag dir vor. Das hab ich bei Kalle auch immer gemacht.“

„Nicht nötig. Ich bin der Beste in der Klasse“, sagte Harvey.

„Auch das noch“, schnaubte Ätze. „Dann such ich Tinte!“

„Na gut. Aber lass dich nicht erwischen!“

„Seh ich so aus?“, rief Ätze und seine grünen Glupschaugen funkelten unternehmungslustig. Schon hopste er auf seinen drei Beinchen davon.

Neugierig sah er sich um. Es war alles anders als damals in Kalles Schulhof. Zwischen den Schulpavillons waren grüne Wiesen und Sportplätze. Es gab sogar einen Tennisplatz und eine Bahn für Skater mit eingebauter Halfpipe.
Fast wäre Ätzes Monsterleben an diesem Morgen schon zu Ende gewesen, denn plötzlich kam auf der Betonpiste ein affenschneller Skater auf ihn zugerast. Ätze warf sich platt auf den Boden. Die Räder zischten haarscharf rechts und links an ihm vorbei.
„Pass doch auf, du Idiot! Du rasendes Rennferkel! Hast du kein Hirn unter deiner Kappe?“, schimpfte Ätze empört hinter dem Skater her.

Dann hopste er über einen roten Sandplatz, auf dem sich vier weiß gekleidete

Mädchen mit gelben Filzkugeln beschossen. Das war auch gefährlich. Außerdem holte sich Ätze dort ziegelrote Storchenbeine.

Die Wege auf dem „Campus", wie sie hier den Schulhof nannten, waren weit und gefährlich für ein kleines Monster. Ätzes Durst wurde größer und größer.
„Tintääääää! Ich brauche Tintäääää!", keuchte er und sah sich um.
„Die wirst du hier nicht finden!", sagte ein grün schillernder Mistkäfer, der an einem Apfelbutzen knabberte.

„Wo denn dann, du superschlauer Panzerkacker?“

„Im Lehrerzimmer. Es gibt eine Lehrerin, die hat immer Tintenfinger. Komm mit, ich zeig dir den Weg.“

„Na dann zieh schon Leine, du alter Apfelschmatzer“, sagte Ätze. „Ich bin am Verdursten.“

„Dann trink doch Wasser!“

„Bist du wahnsinnig? Ich bin ein Tintenmonster! Das größte, hässlichste, schrecklichste auf der ganzen Welt. Ich brauche Tintäää! Capito?“

„Nur immer mit der Ruhe“, sagte der gutmütige Mistkäfer. „Ich wollte dir doch bloß einen Tipp geben. Na, dann komm schon mit!“

„Könntest ruhig einen Zahn zulegen, du langweiliger Kriech-Olm“, knurrte Ätze, der ungeduldig neben ihm herhopste.

„Nenn mich lieber Buggy. So nennen mich meine Freunde“, sagte der Mistkäfer gelassen.

„Freunde? Bääääh! Ich hab nur Feinde“, behauptete Ätze.

„Das erstaunt mich aber“, sagte Buggy. „Ein freundliches Wesen wie du!“

Ätze überhörte die Ironie in seinen Worten.

Mit Buggy Mistkäfer auf Tintensuche

Es wurde ein gefährlicher Ausflug, denn es war gerade Pause. Tausend Beine trampelten plötzlich über ihnen und neben ihnen her.
„Komm hierher!“, rief Buggy. „Wir klettern an der Außenwand hoch. Du kannst doch klettern?“
„Wie ein Gorilla“, behauptete Ätze.

Die Fenster waren geschlossen. Aus einem Kasten in der Wand erklang schreckliches Getöse.
„Das ist die Klimaanlage“, erklärte Buggy. „Wir müssen warten. Sie schaltet sich automatisch ab. Dann klettern wir durch die Lüftungsklappen.“
Die Idee, durch den großen, gefährlich dröhnenden Kasten zu klettern, gefiel Ätze gar nicht. Er zog seine Schnüffelnase kraus wie eine Ziehharmonika.
„Hast du etwa Angst?“, kicherte Buggy.
„Ein Monster kennt keine Angst“, behauptete Ätze.
Plötzlich herrschte Totenstille.
Die Klimaanlage hatte sich tatsächlich abgeschaltet. Aber für wie lange?
„Achtung, fertig, los! Mir nach!“, rief Buggy und kroch in die Lüftungsklappe, hinter der sich noch kurz zuvor ein Ventilator mit

tödlichen Rotorblättern gedreht hatte.
Ätze kroch mit zitternden Beinchen hinterher.
Sie landeten auf einer Zimmerpalme. Ätze spähte durch die Blätter. Der ganze Raum war voller Lehrer.
Jetzt erklang ein Klingelzeichen. Nach und nach erhoben sie sich von den Stühlen und verließen den Raum.
„Das ist sie!“, rief Buggy und deutete auf eine Lehrerin mit Brille und krausen blonden Locken. Für Ätze war sie die schönste Frau der Welt, denn auf ihrem Platz stand ein großes Tintenfass!
„Nun hau schon ab!“, murmelte Ätze und trippelte ungeduldig hin und her.
Die blonde Lehrerin packte ihre Sachen ein. Als Letztes nahm sie das Tintenfass.
„Dalassen! Dalassen!“, keuchte Ätze.
Die Lehrerin war schon fast an der Tür.

Da sah sie auf ihre Finger, die plötzlich voll Tinte waren. Sie schüttelte ärgerlich den Kopf und ging zum Waschbecken in der Ecke. Dort stellte sie das Tintenfass ab und wusch sich die Hände. Dann sah sie auf die Uhr und lief eilig zur Tür. Das Tintenfass ließ sie zurück.

Ätze konnte sein Glück gar nicht fassen: „Tintäää! Tintäää! Endlich Tintäää!“, rief er immer wieder und führte einen wahren Indianertanz auf.

„Verrückter Kerl“, brummte Buggy.

Der Deckel saß glücklicherweise nur locker auf dem Glas. Mit gemeinsamer Anstrengung gelang es den beiden, ihn abzuschrauben.

Gierig trank Ätze die ersten Schlucke. Als Erstes wurde seine Schnüffelnase blau. Dann die Augen, der Bauch und die Borsten. Er trank und trank.

Als das Glas halb leer war, kletterte er hinein und nahm ein Tintenbad.
Er räkelte sich und rülpste.
Er tauchte unter und wieder auf.
Dann reckte er seinen blauen Kopf aus dem Tintenfass und strahlte: „Oh, wie schön ist Amehlika!“

Ätze will Tintonaut werden

Harvey staunte nicht schlecht, als er Ätze nach der letzten Schulstunde wiedersah.
„Mann, wie siehst du denn aus! Total blau und hübsch gruselig!"
Ätze freute sich über das Kompliment.
„Hurra! Ich bin nämlich das ekligste, schrecklichste, unmöglichste Monster auf der ganzen Welt!"
„Ich hab mich schon gewundert, wo du steckst und ob du mich jemals wieder findest", sagte Harvey.
„Aber locker!", grinste Ätze. „Ich wusste ja, wo dein ‚Locker' war und dass du nach der Schule wieder hinmusst, um deine Sachen zu holen!"
„Und wo hast du die Tinte gefunden?", staunte Harvey.
„Das verrat ich dir später. Jetzt bin ich

stark und kräftig. Jetzt möcht ich endlich in den Weltraum düsen."

Harvey lachte schallend. „Wenn das so einfach wäre. Das ist kein Sonntagnachmittagsausflug. Das muss man gut vorbereiten. Außerdem brauchst du dann einen Astronautenanzug."

„Ein Monster braucht keinen Anzug!"

„Du brauchst aber eine Sauerstoffmaske für den Spaziergang im Weltall!"

„Ein Tintenmonster braucht keine Sauerstoffmaske! Höchstens einen Tintenschnorchel!", verbesserte ihn Ätze.

„Nun, dann bist du der erste Tintonaut der Welt!“, grinste Harvey.
„Tintonaut! Tintonaut! Das gefällt mir!“, rief Ätze und hopste auf Harveys Baseballshirt herum. Natürlich war es gleich voller blauer Tapser.
„Hör auf!“, rief Harvey ärgerlich. „Wenn du überall Spuren hinterlässt, dann wirst du mit der Fliegenklatsche erlegt, noch ehe du eine Rakete aus der Nähe gesehen hast!“

Als Harvey am Abend vor dem Fernseher saß, kam Ätze angehopst und sagte: „Ich hab ein Foto in der Zeitung gesehen. Da war die Rakete nicht viel größer als meine Nase!“
„In echt sind die Raketen riesig groß. Da sind richtige Zimmer drin und sogar eine Dusche und ein Klo.“

„Eine Dusche?“, sagte Ätze. „Das könnte mich fast von der Raumfahrt abhalten!“

„Normale Leute müssen sich ab und zu waschen, sonst halten sie es nicht tagelang miteinander aus“, grinste Harvey.

„Sind etwa nur saubere Menschen an Bord?“, erkundigte sich Ätze und runzelte die Nase.

„Mein Dad hat gesagt, diesmal nehmen sie auch Ratten, Mäuse, Würmer, Spinnen und anderes Viehzeug mit, um sein Verhalten in der Schwerelosigkeit zu testen.“

„Klingt schon besser. Mein Verhalten in der Schwerelosigkeit möchte ich auch testen!“

„Es geht nicht“, sagt Harvey. „Es gibt ganz strenge Sicherheitskontrollen.“

„Du Wörterbrecher! Du Lügner! Du Vielversprecher!“, rief Ätze empört. „Du hast gesagt, in Amehlika gibt es literweise Tinte! Gelogen! Und ich darf in den Weltraum fliegen! Auch gelogen. Kotzekliger Lügenbeutel! Ich hasse dich!“

„Nun beruhige dich doch!“, sagte Harvey. „Ich hab gesagt, ich will sehen, was ich tun kann. Am Wochenende fahren wir nach Kap Canaveral. Weißt du, was das ist?“

„Kapp Karneval? Na klar, so ein Hütchen, das sich die Leute im Karneval aufsetzen, du Pappnase“, brummte Ätze.

„Selber Pappnase! Kap Canaveral ist der Weltraum-Bahnhof von Amerika. Da stehen die ganzen Raketen herum. Riesige Dinger. Die solltest du dir mal ansehen. Wer weiß, ob du dann immer noch ins Weltall willst …"
„Will ich aber. Ich hab nämlich Verwandte dort", sagte Ätze trotzig.
„Sag bloß, dein Großvater war ein Marsmännchen! Wundern würde mich das nicht", spottete Harvey.
„Brauchst gar nicht so dumm zu lachen. Mein uralter Urahn kam mal aus einem schwarzen Loch irgendwo hinter der Milchstraße."
„Das glaub ich dir gleich. So wie du aussiehst", sagte Harvey.
„Und meine Großmutter mütterlicherseits kam vom Planeten Gruslix, wo alle echten Monster herkommen. Von der hab ich

Borsten und Federhaare geerbt. Und meine acht Urgroßeltern flohen mit ihrer Sippe von einem roten Stern, kurz ehe er verglühte."

„Und das stimmt wirklich?", erkundigte sich Harvey beeindruckt.

„Monsterehrenwort", sagte Ätze mit einem listigen Augenzwinkern.

„Das muss ich meinem Dad erzählen!", rief Harvey begeistert.

„Untersteh dich", knurrte Ätze. „Dann beiß ich dich in den Hintern, dass du glaubst,

es hätte dich ein Einhorn mit seinem Stoßzahn tätowiert!"

„Ausdrücke hast du!", staunte Harvey. „Na gut. Dann fahren wir doch erst mal hin. Dann sehen wir weiter."

„Nach Kapp Karneval?"

„Genau", sagte Harvey. „Harriet kommt übrigens auch mit."

„Die alte Zimtschnecke? Muss das sein?"

„Es muss sein. Es ist ein Familienausflug. Und sie gehört schließlich mit zur Familie!"

Kap Canaveral

„Es gibt eine Überraschung“, sagte Mr Grant am nächsten Morgen beim Frühstück. „Wir werden mit dem Hubschrauber abgeholt!“
„Jippiee!“, rief Harvey. Es war sein erster Hubschrauberflug.
„Und wir werden ein paar Tage in Kap Canaveral bleiben, weil Papa dort am Astronautentraining teilnehmen muss!“, sagte Frau Grant. „Wir haben für ein paar Tage ein Ferienhaus am Meer gemietet. Dann sind wir in Papas Nähe.“
„Fliegst du diesmal mit?“, erkundigte sich Harriet aufgeregt.
„Leider nicht“, seufzte Mr Grant. „Es wurden sieben andere ausgewählt.“
„Und warum musst du dann zum Training?“

„Ich bin der erste Ersatzmann. Falls in letzter Sekunde einer krank wird, muss ich mich bereithalten."

Ätze saß in Harveys Brillenschachtel und hörte aufmerksam zu. „Hoffentlich wird einer krank!", murmelte er. „Dann mache ich mich unsichtbar und geh mit Mr Grant an Bord! Der weiß ja, wo es langgeht." Seine Augen glitzerten listig. Aber er hütete sich, seine naseweise Schnüffelnase aus dem Brillenetui herauszustecken. Ätze grübelte: Er musste nur dafür sorgen, dass einer der anderen Astronauten nicht mitflog. Da sollte ihm schon etwas einfallen …

Jedes der Kinder durfte nur ein kleines Gepäckstück mit auf die kurze Reise nehmen.

Harvey wählte seine schmuddelige Sporttasche. Ätze wurde allerdings fast übel, als Harveys Mutter zum Schluss noch ein paar frisch gewaschene Socken und Bermudashorts hineinstopfte. Ätze kuschelte sich in Harveys gut durchschweißten Basketballstiefel. Er wartete in seiner gemütlichen „Höhle“ gespannt darauf, was passieren würde.

Jetzt hörte man Motorengebrumm. Es klang wie eine schrecklich ärgerliche Hornisse. Kurz darauf landete ein Hubschrauber auf der Wiese hinter dem Haus.

Mr Grant und seine Familie stiegen ein. Zum Glück ahnte der Pilot nicht, dass auch ein Monster mit an Bord war. „Tolle Sicht heute!“, sagte er zu Mr Grant. „Perfektes Wetter für einen Raketenstart …“ Die Ostküste Floridas lag in strahlendem Sonnenschein unter ihnen. Die weißen Ozeanriesen auf dem tiefblauen Meer sahen wie kleine Badewannenschiffchen aus. Eine Schar von Pelikanen flog unter ihnen in Reih und Glied am Strand entlang, so würdevoll als seien sie auf einer wichtigen Geschäftsreise nach New York.

Der Hubschrauber knatterte eine knappe Stunde nordwärts, dann sagte Mr Grant: „Gleich sind wir da! Da vorn ist schon die Startrampe.“ Er deutete auf eine mächtige

Plattform, auf der eine riesige Trägerrakete mit ihren Treibstofftanks in den Himmel ragte. Sie trug das Raumfahrzeug, das sie in den Weltraum befördern sollte, Huckepack.

„Nur der Spaceshuttle fliegt in den Weltraum“, erklärte Mr Grant seinen Kindern. „Die Rakete wird nach dem Start abgestoßen und verglüht im All. Der Treibsatz mit den Brennelementen ist nutzlos, wenn der Treibstoff verbraucht ist. Sobald wir die Erdanziehung überwunden haben, brauchen wir den Tank nicht mehr.“

„Ich weiß“, sagte Harriet wichtig. „Dann ist man schwerelos und kann schweben wie ein Engel!“

„Engel! Pfui Teufel“, schnaubte Ätze. „Fehlt noch, dass wir tatsächlich Engeln begegnen.“

„Pssst!“, zischte Harvey. „Halt die Klappe, Ätze!“

Jetzt ließ sich der Hubschrauber langsam auf dem riesigen Militärgelände nieder, das sich über das ganze Kap erstreckte.

Ein Jeep kam angefahren.
Er brachte Mr Grant zum Trainingsgelände und seine Familie zu einem Bungalow am Strand.

Ätze braucht Zaubertinte

„Vielleicht kommt Dad heute Abend, vielleicht auch nicht“, sagte Mrs Grant. „Ihr könnt ja auf jeden Fall schon mal runter zum Strand und baden!“
„Baden? Bist du wahnsinnig!“, rief Ätze, als Harvey mit ihm zum Strand lief.
Harvey lachte. „Es ist interessanter als du denkst! Es gibt Monster im Meer! Krebse, Polypen, Seeschlangen, Haifische, Quallen!“

„Das ist etwas anderes!“, sagte Ätze zufrieden. „Mal sehen, ob sie schrecklicher sind als ich.“
Harvey hütete sich zu sagen, dass dieser flache Strandabschnitt eine Badebucht war, in der sich die geschilderten „Monster“ so gut wie nie aufhielten.
Harriet und Harvey hatten sich eine Luftmatratze mitgebracht, mit der sie herumpaddelten.
Ätze weigerte sich strikt ins Wasser zu gehen.
„Na gut“, sagte Harvey. „Dann pass auf unsere Badesachen auf!“
Während Ätze auf der Sporttasche saß und die herumplanschenden Kinder beobachtete, überlegte er, wie er auf die andere Seite der Bucht kommen könnte, wo die Raketen standen.
Leider fand er keine Lösung.

Als Harvey zurückkam, kämpfte Ätze mit einem Taschenkrebs, den er nach allen Regeln der Kunst beschimpfte, weil er in Harveys Brillenetui krabbeln wollte.
Ätze hatte zwar die schärfere Zunge, aber der Taschenkrebs die schärferen Zangen.

„Wirst du wohl Ruhe geben“, sagte Harvey zu Ätze. Er verscheuchte den Krebs mit seiner Taucherflosse. „So wirst du nie ein Weltraummonster! Falls du unbemerkt an Bord des Raumschiffs gelangen willst, musst du die Klappe halten können!“
„Und ich muss unsichtbar sein“, sagte Ätze. „Kannst du einen Zauberkasten besorgen?“
„Ja, schon …“, antwortete Harvey verwundert. „Gibt's im Supermarkt.“
„Mit Zaubertinte, die nach einer Weile unsichtbar wird?“
„Klar. Aber wozu? Du willst doch nicht etwa …“
„Genau das will ich!“, kicherte Ätze. „Zaubertinte saufen und unsichtbar werden, hähähä! Das hab ich mal ausprobiert, als ich Zirkusmonster war.“

„Und wie willst du wieder sichtbar werden?“

„Mit Zitronensaft. Wäre nett, wenn du welchen besorgst, falls ich aus dem Weltraum zurückkomme.“

„Geht in Ordnung“, sagte Harvey.

Das Echsenmonster

Harveys Papa kam mitten in der Nacht. „Morgen startet die Rakete. Leider ohne mich", sagte er zu seiner Frau.
„Musst du trotzdem noch mal zum Training?"
„Um sieben. Es könnte ja immer noch etwas passieren …"
Ätze belauschte das Gespräch und knurrte: „Es wird etwas passieren. Da kannst du Gift drauf nehmen. Und morgen fliegen wir beide ins All!"
Natürlich konnte Ätze vor Aufregung nicht einschlafen. Sein Kopf schwirrte vor Astronauten-Schocker-Ideen. Er lief zum Strand hinunter und hoffte, den Taschenkrebs zu finden, damit er zur Ablenkung ein bisschen mit ihm zanken konnte. Streiten und böse Wörter sagen machte

Ätze mutig. Und das hatte er dringend nötig, denn er hatte Angst. Vielleicht war so ein Weltraumflug doch gefährlicher als er dachte? Und wenn sie ihn unterwegs entdeckten und irgendwo auf dem Mond aussetzten?
Grässlicher Gedanke! Der Mond sah so kalt und sauber aus. Da war keiner, mit dem er streiten konnte! Nicht mal der Mann oder der Hase im Mond, von dem man sich Geschichten erzählte. Nicht mal ein Monster. Neugierige Astronauten hatten vor einigen Jahren extra nachgesehen!
Ätze lief ein Stück am Strand entlang. Natürlich nicht dort, wo er weiß und sauber war, sondern dort, wo ein Streifen mit stinkigen Algen lag.
Er schmatzte: „Mmh! Glibbergammelig lecker!“

Plötzlich platschte es hinter ihm. Oje! Ein Monster kam aus dem Wasser. Eines, das tausendmal größer war als er!
Platsch! Platsch! Platsch!, machte das Ungeheuer und schob sich mit seinen vier flossenartigen Pfoten an Land.
Es hatte einen Panzer so groß wie Grants Wohnzimmertisch und den Kopf einer Rieseneidechse. Ob das ein Dinosaurier war? Ätzes Borsten sträubten sich.
„Aus dem Weg!“, schnaufte das Echsenmonster und keuchte den leicht abfallenden Strand hinauf, bis ihm eine Sanddüne den Weg versperrte.
Gespannt sah Ätze zu, wie es dort ein Loch grub und sich hineinsetzte. Eine ganze Weile blieb es dort und verrichtete offenbar sein Geschäft. Das schien ziemlich anstrengend zu sein.
Schließlich trieb Ätze die Neugier

zu dem seltsamen Wesen hin. In dem Sandloch sah es viel kleiner und ungefährlicher aus.
Ätze fand rasch zu seiner alten Frechheit zurück und rief: „Eine ziemlich umständliche Art aufs Klo zu gehen!"
„Klo gehen? Du kleiner Floh hast ja keine Ahnung. Hat man dich nicht aufgeklärt? Ich lege Eier und pflanze mich fort."

„Kleiner Floh hast du gesagt? Ich bin Ätze, das größte, hässlichste Monster auf der Welt.“

„Und ich bin Wanda, die Seeschildkröte.“ Wanda kroch nun aus ihrem Loch heraus und grub es hinter sich zu.

„Da sind jetzt deine Eier drin?“, erkundigte sich Ätze neugierig.

„Ja, und die Sonne wird sie ausbrüten!“

„Gibt es im Meer noch mehr Monster, die so groß sind wie du?“

„Viel größere“, sagte die Schildkröte. „Du solltest mal einen Wal sehen. Der ist so groß wie eines von den Häusern dort.“

Ätze war beeindruckt.

„Ich kannte mal einen Tintenfisch“, sagte Ätze. „Hieß Sepia. Wohnte im Meer. Kennst du die?“

„Es gibt Milliarden Tintenfische im Meer“, sagte die Schildkröte und lachte.

„Das Meer wird mir tatsächlich immer sympathischer“, sagte Ätze. „Könntest du mich auf die andere Seite der Bucht bringen, ohne dass ich nass werde?“
„Unmööööglich“, sagte die Schildkröte. „Ich tauche unter, schließlich bin ich kein Schiff.“
„Kannst du nicht auch schwimmen ohne unterzutauchen?“
„Unmööööglich! Dazu sind die Wellen zu hoch.“
So musste Ätze doch auf seinen ursprünglichen Plan zurückgreifen, ruhig bis zum Morgen abzuwarten und als unsichtbarer blinder Passagier in Mr Grants Tasche nach Kap Canaveral zu reisen. Dort würden ihm dann hoffentlich rechtzeitig die richtigen Astronauten-Schocker-Tricks einfallen …

Ätze greift ein

Gerade als der Astronaut John Best in seinen Raumanzug steigen wollte, fiel sein Blick auf seine tanzende Zahnbürste. Sie kletterte an der Wand hoch und drehte sich. Seine Pupillen weiteten sich. Er öffnete den Mund um zu schreien. Aber dann besann er sich.
„Es kann nicht sein!“, murmelte er. „Ich habe Halluzinationen. Schließlich befinden wir uns noch nicht in der Schwerelosigkeit!“
Aber dann lief plötzlich seine Armbanduhr über den Tisch und seine Socke wanderte über den Fußboden, ohne dass sein Fuß drin war.

Er bekam einen Schweißausbruch. Ihm wurde übel. Der Arzt der NASA, der zur Abschlussuntersuchung hereinkam, fand ihn ohnmächtig auf dem Fußboden.
„Ein Schock!", stellte der Arzt fest. „Kein Wunder! Es ist sein erster Flug. Die Aufregung ist nicht zu unterschätzen!"
„Der nächste Ersatzmann ist Grant!", sagte der Commander. „Er soll sich fertig machen!"
Grant blieb nur noch Zeit für einen kurzen Anruf zu Hause.
„Ich muss an Bord! John hat irgendwie durchgedreht. Er ist im Augenblick seelisch nicht stabil!"
„Herzlichen Glückwunsch, Papa! Gute Reise!", rief Harvey, der am Telefon war.
„Ich werde jede Nacht zum Mond gucken. Schlafen kann ich sowieso nicht richtig, ehe du wieder da bist!", sagte seine Frau.

„Komm gesund zurück!“

„In zwölf Tagen bin ich wieder da!“, versprach Mr Grant. „Ihr könnt über Internet ja alles genau verfolgen. Ich hab die Seite markiert: www.nasa.gov. Da wisst ihr immer, wo ich gerade bin!“

„Bring mir ein Marsmännchen mit!“, rief Harriet.

„Leider fliegen wir nicht zum Mars!“, sagte Mr Grant und lachte.

Dann zog er seinen Weltraumanzug an. Wenig später ging er mit dem Astronautenteam an Bord.
Wie gut, dass Grant nicht wusste, dass auf seiner Schulter ein unsichtbarer blinder Passagier hockte.

Im Weltraum unterwegs

Es war schon der zehnte Flug der Atlantis.
Ihre Aufgabe war es, unter anderem eine Luftschleuse und Energiereserven zu der Internationalen Weltraumstation im All zu bringen. An Bord hatte sie auch Post und Verpflegung für die Astronauten, die sich schon vier Monate auf der Station befanden.
Außerdem mussten unterwegs wie immer einige wissenschaftliche Versuche durchgeführt werden.
Diesmal war auch eine Biologin dabei, denn es ging unter anderem um das Verhalten von Kleinlebewesen in der Schwerelosigkeit.
Die Astronauten ahnten nicht, dass sie ein Kleinlebewesen an Bord hatten, das nicht auf ihrer Checkliste stand.

Die Luken des Spaceshuttles schlossen sich. Der Countdown näherte sich dem Ende. „… 9, 8, 7, 6, 5, 4, 3, 2, 1, 0 – Feuer!“

Die Trägerrakete erhob sich ganz langsam von der Startrampe. Unter unendlichem Fauchen und Zischen stieg sie auf dem Feuerschweif der Triebwerke nach oben. Erst senkrecht, dann schwenkte sie in eine Schräglage. Schneller und schneller wurde sie, je schwächer die Erdanziehung wurde, die es zu überwinden galt. Schließlich raste sie mit unglaublicher Geschwindigkeit in den Weltraum.
Die Triebwerke und die Treibstofftanks wurden abgeworfen und verglühten in der Atmosphäre.
Im Inneren der Rakete war es auf einmal ganz still. Vorsichtig verließ Ätze sein Versteck. Er taumelte. Auch wenn man (ohne Tinte) nur 13 Gramm wog, bekam man die Schwerelosigkeit zu spüren. Er ruderte mit seinen drei Beinchen und klammerte sich mit dem Vorderfuß, den er

als Arm benützte, an einem der Haltegriffe am Fenster fest.
Was er dann sah, beeindruckte ihn sehr: Draußen war alles tintenblau!
Ob das Weltall ein Tintenmeer war? Eine Fahrt ins Tintenblaue …
Das versprach interessant zu werden!
Seine Aufregung hatte sich gelegt. Alles war gut gegangen. Wenn man davon absah, dass er beim Start so Angst gehabt hatte, dass er vor Aufregung ein paar Tröpfchen Tinte auf dem Tagesplan verloren hatte, deren Herkunft sich später niemand erklären konnte.
Die Astronauten verfolgten auf einem Bildschirm den Videofilm vom Start, den man ihnen in den Shuttle gesendet hatte. Dann machten sie sich an die Arbeit. Es sah sehr komisch aus, wie sie in der Luft herumschwammen, Kopf standen und

sogar Purzelbäume machten. So witzige Bewegungen hatte Ätze bisher nur bei Zirkusakrobaten gesehen.
Ätze zog seine Stiefel aus. Jetzt erwies es sich als nützlich, dass er kleine Saugnäpfchen an den Fußsohlen hatte. Mit denen konnte er wie eine Fliege an der Wand entlangspazieren und über die Decke laufen. Wenn ihn die Astronauten so gesehen hätten, dann hätten sie sich bestimmt auch Monsterfüße gewünscht.

Und er konnte schweben. Er legte ein schwereloses Ballett hin, dass ihm fast schwindelig wurde. Hinterher wusste er allerdings nicht mehr, wo oben und unten war. Aber das ist im Weltraum auch ziemlich egal.
„Hurra, ich kann fliegen!“, jubelte er. „Das müsste Igitte sehen, die alte Pupsschnake. Die würde Augen machen!“, knurrte Ätze. „Na, sie wird wohl unter dem Dach von Spinnenstein versauern und sich für andere Leute totschuften. Selber schuld. Sie hätte ja mitkommen können!“
Es war wie immer: Wenn Igitte da war, dann ärgerte Ätze sie, wo er konnte. Und wenn sie nicht da war, dann fehlte sie ihm irgendwie. Nun, er wollte ihr eine Postkarte vom Mond schreiben oder von der Milchstraße. Oder vom Planeten Gruslix. Je nachdem, an welcher Haltestelle er aus

dieser Rakete herauskam und ein Postamt fand.

Jetzt sah er sich in der Raumfähre um. Die Astronauten waren so mit ihren Aufgaben beschäftigt, dass sie ihn auch nicht bemerkt hätten, wenn er sichtbar gewesen wäre. Als er allerdings dem Kapitän über das Gesicht krabbelte, wischte der sich mit der Hand über die Nase und sagte zu der Biologin: „Kann es sein, dass eine Ihrer Spinnen entwischt ist, Janet?“

„Ich seh mal nach“, antwortete Janet. Sie schwebte in den kleinen Raum hinter dem Cockpit, in dessen Wände mehrere Fenster eingelassen waren, ähnlich wie bei einem Aquarium.
Dahinter waren Würmer, Käfer, Mäuse und auch Spinnen!
Ätze folgte ihr neugierig. Und dann blieb sein Monsterherz fast stehen vor Schreck.
In dem Spinnenkäfig befand sich – Igitte!
Wie um alles in der Welt kam die denn dahin?
„Ich fass es nicht! Die alte Schreckschraube! Sogar im All verfolgt sie mich“, murmelte Ätze.
Die Astronautin Janet zählte die Tiere.
Dann wandte sie sich beruhigt wieder anderen Aufgaben zu.
Ätze klopfte an die Scheibe des Spinnenfensters und knurrte: „Ist man vor dir

achthaxigen Schreckschraube eigentlich nicht mal im Weltall sicher, ey?"
„Ätze, du?", rief Igitte verblüfft. Sie starrte angestrengt durch die Scheibe, aber sie konnte Ätze nirgends entdecken.
„Ich glaub, ich spinne: Ich höre Stimmen!", sagte sie etwas verwirrt zu einer Kreuzspinne, mit der sie sich angefreundet hatte.
„Ich hab es auch gehört", antwortete die Kreuzspinne.
„Geheimtinte", kicherte Ätze. „Die macht unsichtbar! Das haben wir doch herausgefunden, damals als ich Zirkusmonster war. Erinnerst du dich nicht? Nun ja, wenn man nur ein stecknadelkopfgroßes Gehirn hat …", lästerte Ätze.
„Trink bloß täglich Geheimtinte! Du … du Pfuimonster du. Dann bleibt mir dein Anblick erspart, du alter Kotzbrocken", konterte Igitte empört.

„Nun, die Reise ins All scheint ja noch amüsanter zu werden als ich dachte“, grinste Ätze.
Es stellte sich dann heraus, dass die Astronauten die Spinnen mitgenommen hatten, um zu sehen, ob sie auch in der Schwerelosigkeit haltbare Netze spinnen konnten.
Ätze erfuhr aus den Gesprächen der Astronauten, dass Igitte aus Deutschland eingeflogen worden war. Denn an den

Spinnen vom Rhein, die reißfeste Fäden spinnen konnten, war nicht nur die NASA, sondern auch ein Nähseidenhersteller und ein Fabrikant von Schiffstauen und schusssicheren Westen interessiert. Es hatte sich herausgestellt, dass das Material, wenn es zu dünnen Schnüren gedreht wurde, so haltbar wie ein Stahlseil war. Es eignete sich, wenn es zu Stoff verwebt wurde, als Isolationsmaterial für Raumanzüge und Skianoraks. Eine Sensation!

„Spinnen sind nützliche Tiere", sagte der Commander. „Erstaunlich, was man über diese Spinnensteiner Spinnen herausgefunden hat. Trotzdem mag ich sie nicht. Ich wäre nicht begeistert, wenn eine von ihnen hier durch den Raum schwebte."

„Bei uns bringen Spinnen Glück", sagte sein chinesischer Kollege. „Wir glauben, dass sie Himmelsboten sind und sich an

einem seidenen Faden abseilen, um Glück in die Häuser der Menschen zu bringen."
„John Best leidet an Spinnenangst", sagte Janet. „Das hat er mir einmal im Vertrauen gestanden. Vielleicht hatte er deshalb Bammel vor diesem Flug?"
„John fürchtet sich doch sonst vor nichts", wunderte sich Pilot O'Neil.
„Unsere Forschung hat sich mit diesen nützlichen Tierchen jedenfalls in letzter Zeit intensiv beschäftigt. Es laufen seit Jahren gentechnische Versuchsreihen, um das unglaublich stabile Material, das sie für ihre Netze spinnen, in großen Mengen herzustellen. Die Spinnen aus Spinnenstein haben ein besonders reißfestes Gespinst. Hochinteressant!", sagte Janet. Sie blieb vor dem Glasfenster stehen, hinter dem die Spinnen saßen. Igitte verkroch sich scheu in der hintersten Ecke.

„Unglaublich! Sie hat eine Hängematte gesponnen!“, staunte die Biologin.
Zwei der anderen Astronauten kamen langsam herangeschwebt und bestaunten das Wunder.
„Und die Hängematte schaukelt hin und her, obwohl niemand drinliegt!“, stellte Janet überrascht fest.
„Sehr ungewöhnlich! Das muss ins Protokoll!“ Sie holte ihr Bordtagebuch.

„Idioten!“, knurrte Ätze. „Ihr glaubt nur das, was ihr seht. Und mich seht ihr nicht. Obwohl ich da bin.“

„Wie soll das eigentlich funktionieren mit der Spinnwebenproduktion?", erkundigte sich der Pilot später bei Janet.
„Wir isolieren das Genmaterial der Netzspinnfäden und verpflanzen es in Ziegeneuter."
„Willst du sagen, dass dann Ziegen Netze spinnen?", grinste der Pilot.
„Nein, aber sie liefern das Genmaterial für Fäden, die ebenso reißfest sind. Daraus stellt die Firma dann Wärmeisolierungen, reißfeste Leinen, Kletterseile und schussfeste Jacken her."
Ätze hatte genug gehört! Ziegen, die Spinnfäden liefern. Die spinnen, die Menschen! Echt! So ein Unsinn! Da käme nicht mal ein Monster drauf!
Er gähnte. Plötzlich merkte er, dass er müde war. Er hatte vor Aufregung zwei Tage nicht geschlafen.

Auch ein Teil der Astronauten schwebte jetzt zu den Schlafsäcken, die festgezurrt waren, damit sie nicht unkontrolliert durch die Gegend flogen.

Auf der Weltraumstation

Am nächsten Tag machte sich Aufregung breit. Ätze bekam mit, dass die Landung auf der Weltraumstation bevorstand. Und dann ging alles ganz schnell.
Sie umkreisten die Weltraumplattform, die mit ihren riesigen Sonnenkollektoren wie ein großer Raubvogel im blauen All schwebte.

Ein kaum wahrnehmbarer Ruck war das Zeichen, dass sie angedockt hatten.
Über eine Luftschleuse besuchten die Astronauten die Besatzung der Internationalen Weltraumstation. Das gab ein großes Hallo in verschiedenen Sprachen.
Und dann kam Ätzes erster Weltraumspaziergang.
„Geh nicht raus!“, warnte ihn Igitte. „Der Weltraum ist riesig. Da gehst du verloren!“
Aber Ätze ließ sich nicht abhalten.
„Seil dich wenigstens an einer Sicherheitsleine an!“
„An die Leine? Ich bin doch kein Hund!“, grinste Ätze und krabbelte schnell zur Ausstiegsluke. Hinter ihm zischte eine Limonadendose. Igitte packte ihn am Fuß.
Aber Ätze riss sich los. Er wollte jetzt in das „tintenblaue Meer“ springen, das unter ihm lag.

„Jappadappadu!“, rief er und machte einen übermütigen Köpfer von der Weltraumplattform. Er spürte nichts! Es war ganz leer um ihn herum. Man konnte das All weder anfassen noch trinken oder darin herumplätschern. Es roch auch nicht nach Tinte. Ätze schwebte wie eine Feder. Er ruderte mit seinen drei Beinchen. Aber er konnte nicht laufen. Er wusste nicht mal, wo unten und oben war. Da bekam er schreckliche Angst. Er versuchte, zur Raumstation zurückzuschweben. Aber das gelang ihm nicht.

„Verdammte Spinnenkacke!“, fluchte Ätze. „Jetzt bin ich verloren. Ich werde im All schweben, bis ich irgendwann mit einem Kometen zusammenstoße oder in der Atmosphäre verglühe!“
Es wurde ihm schwarz vor Augen.
„Hiiiilfe!“, rief er verzweifelt.
Da vernahm er Igittes spinnefeines Stimmchen aus dem All: „Sag ‚Bitte … Igitte‘!“
Nie hätte Ätze gedacht, dass ihm jemals dieses pfuiteuflige Wort über die Monsterlippen kommen würde. Aber er sah keinen anderen Ausweg und rief: „Bitte, Igitte!“

Da verspürte er einen Ruck an seinem hintersten Beinchen. Etwas zog ihn. Ganz langsam näherte er sich wieder der Weltraumstation. Auf der Plattform stand Igitte mit einer Fadenrolle. Sie kurbelte ihn Stück für Stück wieder auf die Weltraumstation zurück.

„Idiot!“, brummte sie, als er schließlich neben ihr stand. „Wenn ich nicht heimlich das Sicherheitsseil um eines deiner Beine geschlungen hätte, dann wärst du verloren gewesen.“

„Wie konntest du denn mein Bein sehen?“, staunte Ätze. „Ich war doch unsichtbar.“

„Ich hab dich doch mit Zitronenlimo besprüht!“

„Du alte Schreckschraube“, sagte Ätze und es klang fast zärtlich. „Heißt das, dass ich jetzt wieder sichtbar bin?“

„Das heißt es.“

„Aber jetzt werden sie mich entdecken!“

„Na und?“, sagte Igitte. „Sie werden denken, dass du ein Außerirdischer bist. Endlich bringen sie einmal von einer Reise ins All etwas anderes mit als Fotos und Computerzahlen!“

Die Schlagzeilen, die am nächsten Morgen in Amerika die Runde machten, verkündeten eine Sensation: „Rätselhaftes Lebewesen aus dem All an Bord der Atlantis. Gibt es doch Leben auf dem Mars? Wie kam der Außerirdische an Bord der Weltraumstation?“
Tja, das wussten nur Ätze und Igitte. Und Harvey, der sich seinen Reim auf alles machen konnte, nachdem er Ätzes Foto im Internet sah. Er war es schließlich auch, der ein Fläschchen Geheimtinte in das Labor schmuggelte, in dem Ätze zur Beobachtung festgehalten wurde …

So kam es, dass der geheimnisvolle Außerirdische genauso spurlos wieder verschwand, wie er aufgetaucht war.
„Er hat sich entmaterialisiert“, behaupteten die einen.

„Feindliche Agenten haben ihn entführt“, vermutete die Spionageabwehr.
„Das war alles nur ein Werbegag der NASA“, sagten andere.

Und derjenige, der die ganze Aufregung verursacht hatte, lag längst unter einer Palme in Miami Beach und räkelte sich in einem Schneckenhaus, aus dem er gerade einen altersschwachen Einsiedlerkrebs verscheucht hatte, und schlürfte eisgekühlte Tinte …

Ursel Scheffler schreibt, seit sie sechs Jahre alt ist und seit 1986 auch über Ätze. Sie traf ihn nach einem Elternabend ihrer jüngsten Tochter auf dem Schulhausflur. Er war völlig blau und forderte sie auf, dringend seine haarsträubenden Memoiren aufzuschreiben. Ätzes Abenteuer wurden auch in andere Sprachen übersetzt. In Italien heißt er **Inkiostrik**, in Frankreich **Arsenic Lapanique**, in Spanien **Tintof**, auf baskisch **Margolo**. Mehr über das kleine Tintenmonster und seine Autorin findet man unter www.scheffler-web.de.

Erhard Dietl wurde 1953 in Regensburg geboren. Er schreibt nicht nur Bücher, sondern malt und zeichnet auch selber. Hauptsächlich arbeitet er für Kinder, und weil er selbst noch ein „großes“ Kind geblieben ist, sind seine Bücher so einfühlsam und witzig. Inzwischen hat er schon über 90 Kinderbücher geschrieben, die überall auf der Welt gelesen werden. Weitere Informationen zu Erhard Dietl gibt es unter www.erhard-dietl.de.

Leserätsel
mit dem Leseraben

Super, du hast das ganze Buch geschafft! Hast du die Geschichten ganz genau gelesen? Der Leserabe hat sich ein paar spannende Rätsel für echte Lese-Detektive ausgedacht. Mal sehen, ob du die Fragen beantworten kannst. Wenn nicht, lies einfach noch mal auf den Seiten nach. Wenn du die richtigen Antwortbuchstaben in die Kästchen auf Seite 185 eingesetzt hast, bekommst du das Lösungswort.

Fragen zu den Geschichten

1. Was beobachten Ätze und Piratz im Lagerhaus? (Seite 18)

R: Wie ein Mensch durch das Fenster ins Lagerhaus klettert.

O: Wie ein Mensch im Lagerhaus eine Kiste versteckt.

2. Wie ruiniert Ätze die Landkarte der Schatzinsel Guddiguddi? (Seite 47)

A: Er schleckt die mit Tinte gezeichneten Linien von der Karte.

C: Er frisst Löcher in die Karte.

3. Was plant Pöngpöng in Wirklichkeit? (Seite 73)
H : Ein großes Geburtstagsfest für König Bubu.
K : Einen Mordanschlag auf König Bubu.

4. Was braucht Ätze seiner Ansicht nach für einen Spaziergang im All? (Seite 127)
A: Eine Sauerstoffmaske.
E: Einen Tintenschnorchel.

5. Wie will Ätze unbemerkt an Bord des Raumschiffs kommen? (Seite 144)
T: Mithilfe von Zaubertinte, die unsichtbar macht.
B: Er will die Klappe halten und sich unbemerkt einschmuggeln.

6. Für wen wird Ätze fälschlicherweise gehalten? (Seite 178/179)
K : Für einen Käfer, der aus dem Labor des Raumschiffs entwischt ist.
E : Für einen Außerirdischen.

Lösungswort:

1 R	2 a	3 k	4 e	5 t	6 e

Rabenpost

Super, alles richtig gemacht! Jetzt wird es Zeit für die RABENPOST.
Schicke dem LESERABEN einfach eine Karte mit dem richtigen Lösungswort. Oder schreib eine E-Mail.
Wir verlosen jeden Monat 10 Buchpakete unter den Einsendern!

An den LESERABEN
RABENPOST
Postfach 20 07
88 190 Ravensburg
Deutschland

leserabe@ravensburger.de
Besuche mich doch auf meiner Webseite:
www.leserabe.de

Ravensburger Bücher vom Leseraben

Leserabe

Lesespaß für Leseprofis ab der 3. Klasse

ISBN 978-3-473-**36024**-6

ISBN 978-3-473-**36069**-7

ISBN 978-3-473-**36022**-2

ISBN 978-3-473-**36023**-9

ISBN 978-3-473-**36091**-8

ISBN 978-3-473-**36052**-9

ISBN 978-3-473-**36187**-8

ISBN 978-3-473-**36176**-2

ISBN 978-3-473-**36010**-9

ERZ_06_011

www.ravensburger.de / www.leserabe.de

Ravensburger